美发师

（中级）

第2版

主　编　刘金华

编　者　马祥银　周秋萍　胡纪伟　刘学奎　高大成

主　审　陈林声

审　稿　刘万军　刘祎霏　李　玉

中国劳动社会保障出版社

图书在版编目(CIP)数据

美发师：中级/人力资源和社会保障教材办公室组织编写. —2 版. —北京：中国劳动社会保障出版社，2016

国家职业资格培训教程配套辅导练习

ISBN 978-7-5167-2808-6

Ⅰ.①美… Ⅱ.①人… Ⅲ.①理发-技术培训-习题集 Ⅳ.①TS974.2-44

中国版本图书馆 CIP 数据核字(2016)第 302434 号

中国劳动社会保障出版社出版发行

(北京市惠新东街 1 号 邮政编码：100029)

*

三河市华骏印务包装有限公司印刷装订 新华书店经销

787 毫米×1092 毫米 16 开本 12.5 印张 250 千字

2017 年 9 月第 2 版 2019 年 7 月第 3 次印刷

定价：28.00 元

读者服务部电话：(010)64929211/84209101/64921644

营销中心电话：(010)64962347

出版社网址：http://www.class.com.cn

版权专有 侵权必究

如有印装差错，请与本社联系调换：(010) 81211666

我社将与版权执法机关配合，大力打击盗印、销售和使用盗版图书活动，敬请广大读者协助举报，经查实将给予举报者奖励。

举报电话：(010) 64954652

目　录

第一部分　理论知识鉴定指导

第二部分　操作技能鉴定指导

第三部分　模拟试卷

第一部分　理论知识鉴定指导

第1章　接待服务

考核要点

理论知识考核范围	考核要点	重要程度
服务前的沟通	学习单元　与顾客进行项目服务前的沟通	
	1. 美发师相关心理学常识	熟悉
	2. 发型设计中的顾客个性分析	掌握
	3. 询问顾客的方式	熟悉
	4. 与顾客沟通的技巧	熟悉
	5. 了解顾客的服务需求并相应介绍	熟悉
	6. 注意事项	掌握
咨询服务	学习单元1　顾客发质健康状况	
	1. 头发相关知识	熟悉
	2. 询问顾客发质健康状况	熟悉
	3. 过敏症状的种类及鉴别	熟悉
	4. 各种发质的特点	掌握
	5. 不同发质的处理和维护方法	掌握
	学习单元2　常用美发用品的功能及特点	
	1. 常用美发用品简介	掌握
	2. 美发用品质量鉴别方法	掌握
	学习单元3　发型设计基本常识	
	1. 脸型的区分及特点	掌握

续表

理论知识考核范围	考核要点	重要程度
咨询服务	2. 头型的区分及特点	熟悉
	3. 发型与脸型的配合	熟悉
	4. 发型与头型的配合	熟悉
	学习单元4　向顾客推荐适合的发型	
	1. 根据顾客自身条件推荐发型	掌握
	2. 根据顾客不同的发质推荐发型及护理方法	掌握

重点复习提示

第1节　服务前的沟通

学习单元　与顾客进行项目服务前的沟通

一、美发师相关心理学常识

1. 人在进入成年之后，大都不愿意让不熟悉的人去摸自己的头部。在美发厅服务接待工作中，学会掌握顾客心理，与其沟通，从而提高服务质量，也是美发师的一门必修课。

顾客可以和美发师在服务过程中进行长时间的聊天。美发师就应该变成顾客的心理按摩师。

分析顾客进美发厅的目的。

（1）修整。人的头发每月生长1～2 cm，因此若要保持住短发就要每月至少修剪一次。美发厅的老顾客群一般要求服务快捷、迅速、熟练。

（2）交际。每到重要的场合，人们都会修饰一番，以体现对他人的尊重。随着社会生活的丰富，人们的交际活动越来越多，他们就会更加注重自身的形象，而合适的发型也是社交活动的重要组成部分。

2. 美发师在了解了顾客进美发厅的目的之后，往往会根据顾客的年龄、体型、发质等状况进行主观设计。

（1）美丽。通过发型的改变来让自己变得美丽、潇洒，是大多数人的愿望。但美丽是内在与外在的和谐统一。

（2）年轻。成年人大都不希望自己看起来比实际年龄要大，美发师可以通过自己的专业技巧对发型进行改变，让顾客看起来年轻几岁，更加精神抖擞。

（3）时髦。落后于时代的发型常被认为是守旧的表现，因此发型所体现出来的时尚感往往为爱美的年轻人所追逐。

(4) 和谐。多数中老年人对发型设计的追求是要与他们的身份、地位相协调。因此为其服务的美发师要表现出充分的尊重才能博取他们的信任，以了解其真正的需要。

二、发型设计中的顾客个性分析

1. 文静型（挑剔型）

这类顾客因为性格内向，不爱表达自己的想法，所以美发师应主动开启话题，了解他们的需要。同样因为他们的不善表达，顾客的自我要求与发型师的设计要求就很难统一起来。

2. 活泼型（担心型）

这类顾客因为表达明确，所以要求较高、配合较好，甚至他们的不满意也会毫无顾忌地说出来。美发师应该有较多的耐心去倾听他们的美发经历。

3. 洒脱型（善变型）

这类顾客不太在意自己的形象，因为他们认为自己本身就是名牌，见多识广，对美发行业了解较多。

4. 执着型（固执型）

这类顾客对选择美发师非常执着，甚至认为只有一个美发师适合自己。这种类型的顾客可以说是忠诚度最高的。

三、询问顾客的方式

1. 常见的询问方式

比较普遍的询问方式主要有两种：开放式询问和封闭式询问。

(1) 开放式询问。开放式询问方法又分为直接询问和间接询问。一般在跟顾客刚开始接触时、话题不多时可以使用这种方式，既可以引出很多对美发师有利的话题和信息，又不至于冷场。

1) 直接询问。“您好！请问您平时喜欢什么风格的造型？”

2) 间接询问。“您好！不知道您对××明星的最新造型感觉如何？”

通过这种询问方式，美发师既可以非常有效率地获取对方的真实想法，也可以根据对方的回答把握住对方的兴趣点和关注点，在具体操作时就比较有针对性了。

(2) 封闭式询问。当无法对顾客的意图做出准确判断时，美发师需要用这种询问方式来获取对方的最终想法。切记在刚开始询问时不要采用这种方式，因为这种询问方式的回答很简单，容易导致因没有话题而冷场。

美发师在刚开场时为避免冷场，要以使用开放式的询问方式为主。值得注意的是，在具体实践时，这些方式是需要灵活运用的，不能教条式地使用。

2. 美发师的询问引导

(1) 询问的最低准则。不得让顾客感觉被侵犯、受到委屈，甚至是被伤害。

（2）询问的目的。找出可能用哪些产品及服务来满足顾客需求，但不是其全部需求。

（3）询问的原则。不连续发问，避免顾客不能轻松地回答。

（4）询问的过程

1）应景式询问。根据“望”“闻”的判断，如根据顾客的气质、顾客的穿着等询问顾客的潜在想法。

2）探询式询问。问出顾客以前的相关经历、困难、不满。例如：“您好！您比较喜欢长发还是短发？”

3）关联式询问。明确顾客目前的困难或不满。例如：“您好！您对现在的发型是否满意？”

4）引导式询问。提出本店的产品可以满足顾客需要的解决方案供顾客做出判断。如：“您好！本店有针对您发质的护发产品……”

5）确认式询问。让顾客清楚地表达其想法。例如：“您好！您需要什么服务项目？”

问的目的是得知顾客的真正想法，因顾客类型、情景不同，因此问法各不相同，要会灵活变通。

四、与顾客沟通的技巧

1. 微笑是对顾客最好的欢迎

微笑是生命的一种呈现，也是工作成功的象征。所以当迎接顾客时，哪怕只是一声轻轻的问候也要送上一个真诚的微笑。

2. 保持积极的态度，树立“顾客永远是对的”的理念，打造优质的售后服务

不管是不是顾客的错，都应该及时解决，而不能回避、推脱，应积极主动地与顾客进行沟通，让顾客感觉到被尊重与重视。同时，应该让顾客感觉到消费的乐趣和满足。

3. 礼貌待客，多说“您好！”“谢谢！”

诚心致谢，会让人有一种亲切感。并且可以先培养一下感情，这样顾客心里的抵抗力就会减弱或消失。有时顾客只是随意到店里看看，美发师也要诚心地感谢他们：“感谢光临本店！”对于彬彬有礼、礼貌客气的店主，谁都不会心生厌恶的。诚心致谢是一种心理投资，不需要付出多大代价，就可以收到非常好的效果。

4. 坚守诚信

“做事，先学会做人！”这是很值得深思的一句话。所以要用一颗诚挚的心像对待朋友一样对待顾客。诚信决定了做事的成败。

5. 凡事留有余地

在与顾客交流中，不要用“肯定、保证、绝对”等字眼，而要用“尽量、努力、争取”

等词语，这样效果会更好。多给顾客一点真诚，也给自己留有一点余地。

6. 处处为顾客着想，用诚心打动顾客

让顾客满意，重要的一点就体现在真正为顾客着想。处处站在对方的立场，想顾客之所想。以诚感人，以心引导人，这是最成功的引导"上帝"的方法。

7. 多虚心请教、多听听顾客的声音

只有做到以客为尊，满足顾客需求才能走向成功。

8. 要有足够的耐心与热情

美发师常常会遇到一些顾客，喜欢打破砂锅问到底。这时候美发师就需要耐心、热情、细心地回复，才会给顾客信任感。砍价的顾客也是经常能遇到的，但砍价是买家的天性，这可以理解。总之，要让顾客感觉你是热情真诚的，千万不可以说"我这里不还价"等伤害顾客自尊的话语。

五、了解顾客的服务需求并相应介绍

1. 少年儿童的心理

孩子们一般对发型没有过多的要求，因此美发师在给孩子修剪发型时，一定要多听取其父母的意见，主要体现其活泼的个性就可以了。对于孩子，美发师一定不要掉以轻心。

2. 年轻人的心理

年轻人总是在追求时尚，因此流行的观念在他们中间最能推广开来。这是进行染发、烫发、护发、剪发等项目推荐的关键人群。他们的发型设计要易于自行梳理和变化，以适应不同场合的需求。

3. 中年人的心理

中年人要求的发型往往是干净利落、易于梳理，并且要体现出职业感和稳重大方的心理优势。

4. 老年人的心理

吹风的工作一定要做好，要增加发量。还可以给老年人推荐烫发的项目。

六、注意事项

1. 美发师的语言禁忌

（1）说话时眼睛不看着顾客，会暴露出内心的胆怯，使顾客产生怀疑。因此要克服畏惧心理，讲话时要用自然的目光看着对方。

（2）不要神态紧张，口齿不清。

（3）站姿要准确，不要有小动作，如两腿来回抖动等。

（4）与顾客讲话时，不要东张西望或打哈欠，这样会显得没精打采。更不要打断顾客，如没有听清或有不理解的地方，最好用纸先记下来，等顾客讲完后再询问。

（5）讲话时，不要夹带不良口头语或唾沫四溅。

（6）切忌夸夸其谈，忘乎所以。推销时要言简意赅，一针见血。要有针对性地强调产品的主要特点，而不要泛泛地罗列其优点。为加深顾客的印象，优点要逐一介绍，而不要将几条几点概括在一起介绍。

（7）切忌谈论顾客的生理缺陷。

（8）说话时正确地进行停顿。

2. 做个专业的美发师，给顾客准确的推荐。

3. 应根据不同顾客的性别、年龄选择恰当的称谓。

第2节　咨询服务

学习单元1　顾客发质健康状况

一、头发相关知识

1. 头发的常识

（1）一个人的一生中大约可以生长出100万根头发。

（2）亚洲人的头发有10万～15万根，而欧洲人与非洲人的头发有15万～18万根。

（3）每根头发每天可生长0.03～0.04 cm或每月1～2 cm。

（4）一根健康的头发可承受约100 g的重量。

2. 头发的结构

（1）一般头发的表皮层由6～12层毛鳞片包围。

（2）皮质层由蛋白细胞和色素细胞组成，占头发的80%。头发的天然色素（即麦拉宁色素）存在于皮质层内。

3. 头发的生长周期

（1）生长期。平均每天以0.03～0.04 cm的速度生长。

（2）退行期。生长速度缓慢及停止生长。

（3）静止期。毛发细胞死亡，头发自然开始脱落。

一般来说，每根头发有2～6年的寿命。在正常情况下，头发每天脱落50～100根。头发的出生率和死亡率是相同的，也就是说每掉一根，就会有新头发代替。

二、询问顾客发质健康状况

1. 选择开放式询问

例如："您好！您有没有什么过敏症状？"

2. 选择封闭式询问

例如："您好！最近头皮是否有异常情况？"

三、过敏症状的种类及鉴别

突发型过敏反应是一种常见的过敏反应，主要为呼吸道过敏反应、消化道过敏反应、皮肤过敏反应以及过敏性休克。表现的病症主要为过敏性鼻炎、过敏性哮喘、过敏性肠胃炎以及湿疹、划痕症、风团皮疹、皮肤瘙痒等过敏性皮肤病。

四、各种发质的特点

1. 油性发质

其产生主要原因是头皮中的油脂分泌过多，并快速散发到头发上。

保养：需用专业洗护产品，因为专业洗护产品具有吸附油脂作用，能减缓油脂的散发。

2. 干性发质

头发的角蛋白质纤维非常有力，不易定型，极易恢复原来的头发流向。由于头皮油脂分泌较少，头发缺少光泽，容易被吹乱。

保养：使用具有焗油护发作用的养发用品，因为其中含有营养物质，能使头发焕然一新，便于梳理。

3. 细软发质

其特征是头发数量太少。

适用发型：各种款式的发型基本都适合。

保养：使用具有焗油护发作用的养发用品，以强韧发丝。

4. 染后（受损）发质

其特征是表面毛糙，鳞片开裂，形成多孔。

适用发型：一般应选短发，也可以分段修剪。

保养：只能在每次洗发后用专业护发剂，使头发重新恢复光泽和弹性。

5. 烫后（受损）发质

发质状态：按照烫发后的情况呈波浪形或卷曲形，头发状况大多数为干性，或者表现在发梢。

适用发型：各种卷发，无论是自然吹干还是用吹风机或卷发筒等做成的卷发以及波浪发型均适用。

保养：既可使用专门针对烫发的护发用品，又可使用针对干性硬发的养发用品。

6. 自然卷发

天生具有力度，几乎从来不会变。

保养：一般与干性硬发的护理方法相同，使头发柔软、有弹性、有光泽。

7. 毛发常见的生理问题

（1）头屑过多。

（2）脱发，如遗传性脱发、脂溢性脱发、真菌感染性脱发、生理性脱发等。

（3）头发早白，有的是由先天性遗传因素造成的。

五、不同发质的处理和维护方法

1. 不同发质的处理方法

（1）柔软的头发。由于柔软的头发较服帖，建议尝试俏丽、个性化的短发。

（2）自然的卷发。只要利用好自然卷发的特点，就能做出各种漂亮的发型。建议将头发留长。

（3）服帖的头发。建议将头发剪短，重点是对后部发式的设计，如能将发际处打薄，隐约显示出颈部的线条，更能体现发型的美感。

（4）粗硬的头发。这种发质较难打理造型，但易修剪成形，所以在设计发型时应侧重于修剪技巧。

（5）细少的头发。发髻梳在头顶部，较适合正式场合；梳在脑后，适合家居；而梳在后颈，则显得高贵典雅。

2. 不同发质的护理方法

（1）油性发质是因为皮脂腺分泌过于旺盛，从而抑制头发的生长。所以油性发质应选择控油的洗护产品。

（2）中性发质建议选择一些含有滋养及润发作用的洗护产品，可使头发更加自然健康。

（3）干性发质往往是由于头皮血液循环不良，造成头发缺乏水分，应选择含保湿因子的植物精华萃取物，或营养性维生素 B_5 的洗护产品。

（4）受损发质因多次烫染、长时间阳光照射等，皆会使头发纤维发生变化，导致发质受损，变得干涩、枯黄、分叉。如果是已经受损发质，应及时使用具有修护功能的洗护产品。

学习单元2　常用美发用品的功能及特点

一、常用美发用品简介

1. 洗发用品

洗发液（精）的主要成分是洗涤剂、助洗剂和添加剂。洗涤剂为洗发液提供了良好的去污力和丰富的泡沫成分。

2. 护发用品

护发用品的种类有很多，如护发素、营养油、修护霜、护发油、氨基酸、护卷素、精油等。护发用品涉及营养、卫生、物理、化学等多方面的科学知识。

其主要成分有维生素配方、阳离子、丝蛋白、果酸精华、芦荟汁、活性氨基酸、矿物质、高蛋白、滋养液等。

3. 固（饰）发用品

固发用品是美发师在平常工作中，为顾客做造型时所用的定型物。其主要作用是可以根据美发师所设计发型的形状进行定型，它可以塑造出不同的发型效果，令头发保持形状的持久。粗硬发质可选用发蜡、发泥等固定发型；而烫染过的头发则应选用护卷素与弹力霜定型。

4. 烫发用品

烫发用品主要有烫发剂和定型剂。

烫发剂通常可分为以下3类：

（1）碱性烫发剂。主要成分是硫化乙醇酸，pH值在9以上。

（2）微碱性烫发剂。主要成分是碳酸氢铵，pH值在7~8之间。

（3）酸性烫发剂。主要成分是碳酸铵，并含有胱氨酸，pH值在6以下。

5. 漂发用品

漂淡剂可使黑色的头发变成红、黄、白等颜色。

漂粉内含有碱性阿摩尼亚，可使毛鳞片张开，便于漂淡剂渗透毛发组织。

双氧（有水状和乳状两种）内含有过氧化氢（H_2O_2），是一种能消除色素的物质。

6. 染发用品

（1）临时性染料。它不含化学物质成分，通常只能维持到下次洗发为止。临时性染料的缺点：容易褪色、沾染衣物、不易染匀、空气潮湿时会有黏稠感。

（2）非永久性染料。非永久性染料一般是液态或膏体状。无须与双氧混合，染发后能令头发保持4~6周的染色效果。洗发4~6次以后，颜色就开始逐渐地消退，但很受追求时尚个性的年轻顾客欢迎。

（3）永久性染料。永久性染料可分为植物型、金属型和渗透型。

渗透型染料能够渗透到皮质层中，通过氧化作用与原来的色素粒子相结合，促使发色更加自然。

永久性染料的优点：色泽自然、不易褪色、颜色会均匀地分布于皮质层，并与自然发色混为一体，头发颜色的深浅可视顾客意向控制。

二、美发用品质量鉴别方法

1. 美发用品的检查方法

美发用品的生产厂家，对生产的各种化学用品必须注明生产日期、保质期并应附有使用说明书，否则均属于伪劣假冒产品。

（1）检查包装。鉴别的第一步，应该是检查观看外包装的质量。

（2）检查质量。美发师可根据其包装上的产品使用说明书或染膏（瓶、罐、支、盒）上所标注的有效使用期，检查是否已快到期或已过期。

1）乳液状用品。将瓶子左右倾斜摆动，使乳液流动，观看其上、下层是否有不均匀的现象，是否有脱水或上稀下稠的沉淀现象。

2）粉状用品。观察其粉末是否细腻、有无颗粒、色彩是否均匀、是否受潮、有无结块等现象。

3）膏状用品。看膏体表面是否有光泽、平滑，有无气孔、异色斑点，软硬程度、色泽是否均匀等。如果膏体表面呈现出一层水状，则表示该化学产品已变质，不能再继续使用。

4）液体用品。鉴别时，应观察产品是否透明清澈，颜色是否纯正，晃动瓶子时，是否出现絮状沉淀或杂质。

（3）检验气味。各种美发化学用品都会有其相应的气味。检查鉴别时，主要根据其包装上所注明的香型，辨别其是否纯正，因为有些产品虽未过期，但如果保存不当，经阳光暴晒等，也会因变质而失效。

2. 常用美发化学用品的鉴别方法

常用的美发化学用品鉴别方法如下。

（1）洗发液。鉴别洗发液时，要看其容器是否有膨胀、干缩现象，液体是否整洁、细腻，色泽是否均匀、一致，软硬是否适度，香味型号是否与包装使用说明一致，是否有不应有的油脂味。洗头发时，泡沫是否丰富、柔和、细腻。

（2）乳液洗发剂。在使用时，要看其色泽是否纯正。

（3）发油、发蜡、发乳。发油、发蜡、发乳都不同程度地含有油性。鉴定时要先看其是否在保质期内，再看是否出现了油水分离、出汁、沉淀或脱水等现象。

（4）发胶。看是否透明清澈，是否过了保质期，颜色是否纯正，摇晃瓶子时是否呈絮状，是否有沉淀物和杂质出现。

（5）啫喱水。啫喱水是胶液状固发（定型）用品。使用时应感觉其黏性是否适中，是否有利于发式造型。然后看是否清澈透明，特别要注意保质期。

学习单元3　发型设计基本常识

一、脸型的区分及特点

1. 椭圆形脸

这种脸型的外围为椭圆形轮廓，没有骨骼突出点，展现出柔和的曲线，给人以文静秀丽之美。通常称为鹅蛋脸，是女性的标准脸型。

2. 圆形脸

与同龄人相比显得年轻、活泼、可爱，通常称为娃娃脸。

3. 方形脸

这种脸型给人以方正刚毅的视觉感，是男性的标准脸型。

4. 长方形脸

这种脸型给人以朴实的感觉。

5. 菱形脸

特征是颧骨突出，前额较窄，下颌部位较尖，给人以灵巧清秀之感。

6. 三角形脸

给人以稳健之感。

7. 倒三角形脸

前额宽，下颌部位较尖，给人以清瘦灵敏的感觉。

二、头型的区分及特点

审视头型要从头的侧面进行。

1. 椭圆头型

特点是前顶点、中顶点、枕骨点连成线后呈凹椭圆。此头型是标准头型。

2. 平顶头型

特点是前顶部和中顶部不呈凹陷或平行，给人以降低头型的感觉。

3. 尖顶头型

特点是头的中顶部向上鼓起。

4. 枕骨凹头型

特点是枕骨处扁平或略有凹陷，枕骨处没有凸起圆形。

5. 枕骨凸头型

特点是枕骨处凸起较高，使头型横向加长，看起来有头型变方的感觉。

三、发型与脸型的配合

1. 圆脸型

应增加顶部的高度。要避免面颊两侧的头发隆起，否则会使颧骨部位显得更宽。

2. 方脸型

前额不宜留齐整的刘海，也不宜暴露全部额部。

3. 长脸型

刘海宜下垂，使脸部变得圆一些。

4. 菱形脸

一般将上部的头发拉宽，下部的头发逐步紧缩，以遮盖其颧骨凸出的缺点。

5. 正三角形脸型

梳理时要将耳朵以上部分的发丝蓬松起来，这样能增加顶部的宽度，从而使两腮的宽度相应减弱。

6. 倒三角形脸型

适合选择侧分头缝的不对称发式，以露出饱满的前额。

四、发型与头型的配合

发型设计的目的之一是要利用巧妙的发型安排，克服头型的缺陷，从而产生椭圆头型的效果。美发师应仔细研究顾客的头型，从而根据不同的头型设计出多种时髦的发型。

学习单元4　向顾客推荐适合的发型

一、根据顾客自身条件推荐发型

1. 发质

对一种发质，不是任何发型都可以做的。了解发质才能对发型设计做出正确的选择。

2. 发色

对一种发色，也不是任何发型都可以做的。

3. 头旋

在发型设计上需要注意，有时也会影响到最后的发型的效果。

4. 头型

头的大小、方圆、平尖都会影响对发型的选择。

5. 脸型

发型的选择许多时候都是根据脸型决定的。

6. 头和身的比例

影响发型的轻重感觉和收缩放大的效果。

二、根据顾客不同的发质推荐发型及护理方法

1. 卷发

卷曲的头发容易互相交错、打结，很难梳理。洗发时用比较滋润、保湿的洗发液和护发素。

2. 柔软的头发

柔软的头发比较适合短发。选用为干性发质设计的洗发水和护发素。

3. 发丝纤细且稀少的头发

选择中短卷发造型，在发根部位进行烫发，让发根微微直立，这样才能产生头发浓密的视觉效果，能加强立体感。

4. 油腻的头发

勤洗头，要选用性质温和的洗发水。建议修剪短发或超短发。

5. 干枯的头发

头皮干燥，还会出现头屑。建议使用温和、无药性的洗发水。

6. 粗硬而量多的头发

不适宜剪短发，适宜中长发。烫发后可增加柔润感。

7. 天然的卷发

如果将头发剪短，则卷曲度就不太明显，而留长发才能显出其自然的卷曲，应减少发量。

辅导练习题

一、单项选择题（下列每题有4个选项，其中只有1个是正确的，请将其代号填写在横线空白处）

1. 人在进入________之后，大都不愿意让不熟悉的人去摸自己的头部。

A. 青年　　B. 成年　　C. 中年　　D. 老年

2. 在服务接待工作中，学会________顾客心理，提高服务质量，也是一门必修课。

A. 了解　　B. 掌控　　C. 掌握　　D. 把握

3. 美发师就应该变成顾客的________。

A. 形象设计师　　B. 美德使者　　C. 发型设计者　　D. 心理按摩师

4. 人的头发每月生长________cm。

A. 0.1～0.2　　B. 1～2　　C. 10～20　　D. 15～20

5. 若要保持住________就要每月至少修剪一次。

A. 超短发　　B. 短发　　C. 中长发　　D. 长发

6. 老顾客群一般要求________快捷、迅速、熟练。

A. 操作　　B. 修剪　　C. 烫染　　D. 服务

7. 每到重要的场合，人们都会________一番。

A. 打扮　　B. 化妆　　C. 修饰　　D. 装饰

8. ________的发型也是社交活动的重要组成部分。

A. 时尚　　B. 经典　　C. 合适　　D. 庄重

9. 每到重要的场合，人们都要修饰一番，以________对他人的尊重。

A. 体现　B. 呈现　C. 表示　D. 展示

10. 通过发型的改变让自己变得美丽是大多数人的________。

A. 希望　B. 愿望　C. 意愿　D. 心愿

11. 美发师可以通过自己的专业________对发型进行改变，让顾客看起来年轻几岁。

A. 水平　B. 水准　C. 技巧　D. 知识

12. 美发师可以通过自己的专业技巧对发型进行________，让顾客看起来年轻几岁，更加精神抖擞。

A. 改变　B. 修剪　C. 制作　D. 设计

13. 时髦发型往往为爱美的年轻人所________。

A. 追捧　B. 喜爱　C. 喜欢　D. 追逐

14. 多数中老年人对发型设计的追求往往要与他们的________、地位相协调。

A. 发质　B. 脸型　C. 身份　D. 身材

15. 为中老年人服务的美发师要充分地尊重他们，才能博取他们的________。

A. 认可　B. 认同　C. 喜爱　D. 信任

16. 文静型顾客性格内向，不爱________自己的想法。

A. 表达　B. 表露　C. 讲述　D. 展示

17. 美发师应主动开启话题，了解顾客的________。

A. 要求　B. 需要　C. 需求　D. 想法

18. 文静型顾客的自我要求与发型师的________要求很难统一起来，所以满意度差。

A. 设计　B. 创作　C. 操作　D. 修剪

19. 表达明确，要求较高，配合较好的是________型顾客。

A. 活泼　B. 挑剔　C. 洒脱　D. 执着

20. ________型顾客会把他们的不满意毫无顾忌地说出来。

A. 挑剔　B. 担心　C. 洒脱　D. 善变

21. 美发师应该有较多的耐心去倾听顾客的美发________。

A. 感受　B. 经验　C. 经历　D. 要求

22. 洒脱型顾客认为自己本身就是________。

A. 招牌　B. 名牌　C. 广告　D. 名人

23. 洒脱型顾客见多识广，故对美发行业________较多。

A. 认识　B. 了解　C. 理解　D. 想法

24. 不太在意自己的形象的是________型顾客。

A. 善变　　B. 执着　　C. 挑剔　　D. 活泼

25. ______型顾客对选择美发师非常执着。

A. 执着　　B. 洒脱　　C. 挑剔　　D. 活泼

26. 执着型顾客甚至认为只有______发型师适合自己。

A. 少数　　B. 个别　　C. 一个　　D. 几个

27. ______型顾客的忠诚度最高。

A. 执着　　B. 挑剔　　C. 担心　　D. 洒脱

28. 运用比较普遍的询问方式主要有______种。

A. 两　　B. 三　　C. 四　　D. 五

29. 开放式询问方法______适用于跟客户刚开始接触时。

A. 只能　　B. 通常　　C. 只有　　D. 一般

30. 开放式询问方法可以______很多对美发师有利的话题和信息。

A. 道出　　B. 引出　　C. 牵扯　　D. 指出

31. 通过开放式______方式，可以非常有效率地获取对方的真实想法。

A. 询问　　B. 发问　　C. 提问　　D. 征询

32. 美发师可以根据对方的回答把握住对方的兴趣点和______点。

A. 关注　　B. 关切　　C. 关键　　D. 重

33. 通过开放式提问方式，可以非常有效率地______对方的真实想法。

A. 捕捉　　B. 得到　　C. 获取　　D. 掌握

34. 当无法对顾客的意图做出准确判断时，美发师需要用______询问方式来获取对方的最终想法。

A. 直接　　B. 间接　　C. 封闭式　　D. 开放式

35. 美发师在刚开场时为避免冷场，要以使用______的发问方式为主。

A. 封闭式　　B. 间接　　C. 直接　　D. 开放式

36. 在具体实践时，各种询问方式是需要灵活运用的，不能______地使用。

A. 死板　　B. 公式化　　C. 教条式　　D. 一成不变

37. 不得让顾客感觉被侵犯、受到委屈，甚至是被伤害是询问的______。

A. 最低准则　　B. 目的　　C. 原则　　D. 过程

38. 问的原则是不连续发问，避免顾客不能______地回答。

A. 轻松　　B. 快速　　C. 准确　　D. 正确

39. 问的______是得知顾客的真正想法。

A. 目标　　B. 目的　　C. 原则　　D. 准则

40. 微笑是________的一种呈现，也是工作成功的象征。

A. 表情　　B. 情感　　C. 生命　　D. 生活

41. 当________顾客时，哪怕只是一声轻轻的问候也要送上一个真诚的微笑。

A. 欢迎　　B. 接待　　C. 接触　　D. 迎接

42. 不要让冰冷的肢体语言________你的微笑。

A. 遮盖　　B. 遮住　　C. 埋没　　D. 超越

43. 树立"顾客永远是对的"的理念，________优质的售后服务。

A. 创造　　B. 打造　　C. 体现　　D. 表现

44. 不管是不是顾客的错，都应该________解决，而不能回避、推脱。

A. 及时　　B. 马上　　C. 快速　　D. 立即

45. 美发师应该让顾客________到消费的乐趣和满足。

A. 感受　　B. 感觉　　C. 体会　　D. 享受

46. 对于彬彬有礼、礼貌客气的________，谁都不会心生厌恶的。

A. 美发师　　B. 迎宾员　　C. 接待员　　D. 店主

47. ________致谢是一种心理投资。

A. 诚心　　B. 诚意　　C. 用心　　D. 衷心

48. 先培养感情，这样顾客心里的________就会减弱或消失。

A. 抵抗力　　B. 抵制　　C. 抵触　　D. 不信任

49. 要用一颗________的心像对待朋友一样对待顾客。

A. 真诚　　B. 诚挚　　C. 平常　　D. 平凡

50. ________与否决定了做事的成败。

A. 诚实　　B. 诚信　　C. 踏实　　D. 守信

51. 多给顾客一点真诚，也给自己留有一点________。

A. 余地　　B. 空间　　C. 好处　　D. 回报

52. 让顾客________，重要的一点就体现在真正为顾客着想。

A. 开心　　B. 满意　　C. 佩服　　D. 尊重

53. 以诚感人，以心引导人，这是最成功的引导"上帝"的________。

A. 技巧　　B. 窍门　　C. 方法　　D. 办法

54. 只有做到以客为尊，满足顾客________才能走向成功。

A. 需要　　B. 需求　　C. 要求　　D. 喜好

55. 遇到喜欢打破砂锅问到底的顾客，美发师要耐心、细心地回复，这样会给顾客________感。

A. 诚实　B. 诚信　C. 安全　D. 信任

56. ________是买家的天性。

A. 讨价　B. 砍价　C. 还价　D. 讨便宜

57. 千万不能说伤害顾客________的话语。

A. 身份　B. 脸面　C. 自尊　D. 自信

58. 为少年儿童修剪发型时，一定要多听取其父母的________。

A. 意见　B. 建议　C. 提议　D. 要求

59. 为少年儿童修剪发型主要体现其________的个性就可以了。

A. 天真　B. 活泼　C. 可爱　D. 童趣

60. 对于孩子，美发师一定不要________。

A. 掉以轻心　B. 随意而为　C. 马虎应付　D. 随便而为

61. 年轻人总是在追求________。

A. 潮流　B. 时髦　C. 时尚　D. 靓丽

62. 进行染发、护发、烫发、剪发等项目推荐的关键人群是________。

A. 年轻人　B. 中年人　C. 老年人　D. 成功人士

63. 年轻人的发型设计要易于自行梳理和变化，以适应不同场合的________。

A. 需要　B. 变化　C. 需求　D. 要求

64. 中年人________的发型往往是干净利落、易于梳理。

A. 追求　B. 喜欢　C. 喜爱　D. 要求

65. 中年人的发型要体现出职业感和________的心理优势。

A. 知味品性　B. 稳重大方　C. 贤淑稳重　D. 优雅大方

66. 适合大力推荐烫发和护发项目的是________。

A. 年轻人　B. 中年人　C. 青少年　D. 老年人

67. 对于老年人，美发师的________工作一定要做好。

A. 烫发　B. 染发　C. 修剪　D. 吹风

68. 老年人的发型设计主要是增加________。

A. 色彩　B. 纹理　C. 发量　D. 层次

69. 还可以给老年人推荐________的项目。

A. 烫发　B. 护发　C. 染发　D. 剪发

70. 说话时眼睛不看着顾客，会________出美发师内心的胆怯。

A. 流露　B. 暴露　C. 显示　D. 呈现

71. 与顾客说话时，美发师要________畏惧心理。

A. 克制　　B. 克服　　C. 征服　　D. 战胜

72. 与顾客说话时，要用________的目光看着对方。

A. 关注　　B. 专注　　C. 自然　　D. 亲切

73. 与顾客讲话时，不要东张西望或打哈欠，这样会显得________。

A. 没精打采　　B. 心不在焉　　C. 不礼貌　　D. 不专心

74. 美发师的站姿要________，不要有小动作。

A. 优雅　　B. 直立　　C. 标准　　D. 准确

75. 在与顾客讲话时，如美发师没有听清或有不理解的地方，最好用纸先记下来，等顾客讲完后再来________。

A. 打听　　B. 咨询　　C. 征询　　D. 询问

76. 推销时要言简意赅，________。

A. 一步到位　　B. 一锤定音　　C. 一针见血　　D. 一目了然

77. 为加深顾客的印象，优点要________介绍。

A. 逐一　　B. 详细　　C. 仔细　　D. 大力

78. 为加深顾客的印象，优点要逐一介绍，而不要将几条几点________在一起介绍。

A. 综合　　B. 组合　　C. 概括　　D. 捆绑

79. 在咨询过程中，美发师要熟悉自己的________知识。

A. 技能　　B. 理论　　C. 基础　　D. 专业

80. 应______不同顾客的性别、年龄选择恰当的称谓。

A. 根据　　B. 按照　　C. 依据　　D. 遵循

81. 应根据不同顾客的性别、年龄选择______的称谓。

A. 适当　　B. 恰当　　C. 正确　　D. 相对应

82. ________人的头发有10万~15万根。

A. 欧洲　　B. 亚洲　　C. 非洲　　D. 南美洲

83. 每根头发每天可生长________cm。

A. 0.03~0.04　　B. 0.05~0.06　　C. 1~2　　D. 0.1~0.2

84. 一根健康的头发可承受约________g的重量。

A. 10　　B. 15　　C. 100　　D. 150

85. 一般头发的表皮层由________层毛鳞片包围。

A. 3~5　　B. 6~12　　C. 8~16　　D. 10~20

86. 皮质层由蛋白细胞和色素细胞组成，占头发的________%。

A. 30　　B. 60　　C. 80　　D. 85

87. 头发的麦拉宁色素存在于________内。

A. 表皮层　B. 皮质层　C. 髓质层　D. 鳞片层

88. 头发在生长期时，平均每天以________的速度生长。

A. 0.1~0.2 mm　B. 0.3~0.4 mm　C. 0.6~0.8 mm　D. 3~4 mm

89. 生长速度缓慢及停止生长是头发的________。

A. 生长期　B. 静止期　C. 退行期　D. 脱落期

90. 头发的出生率和死亡率是________的。

A. 相同　B. 不同

C. 差不多　D. 出生率多于死亡率

91. 询问了解顾客有无过敏症状一般选择开放式问句及________问句。

A. 间接　B. 直接　C. 封闭式　D. 应景式

92. “您好，您有没有什么过敏症状？”这句话属于________问句。

A. 封闭式　B. 探询式　C. 开放式　D. 引导式

93. “您好，最近头皮是否有异常情况？”这句话属于________问句。

A. 封闭式　B. 开放式　C. 关联式　D. 探询式

94. 突发型过敏反应是一种________的过敏反应。

A. 正常　B. 常见　C. 病理　D. 不常见

95. 过敏症状的种类主要为呼吸道过敏、消化道过敏、________。

A. 鼻炎　B. 过敏性哮喘　C. 皮肤过敏　D. 过敏性胃炎

96. 皮肤红肿、疼痛、湿疹、风团皮疹、皮肤瘙痒属________过敏反应。

A. 呼吸道　B. 消化道　C. 皮炎　D. 皮肤

97. 发质的种类有________种。

A. 3　B. 5　C. 7　D. 8

98. 粗细适中，有弹性、有光泽，没有分叉、断裂的是________发。

A. 油性　B. 中性　C. 干性　D. 细软

99. 头发含水量少，干燥，发质松散，缺乏弹性的是________发。

A. 绵　B. 干性　C. 沙　D. 卷

100. 油性发产生的主要原因是头皮中的油脂分泌过多，并快速________到头发上。

A. 扩散　B. 散发　C. 分布　D. 渗透

101. 油性发质的保养需用________洗护产品。

A. 专业　B. 强碱性　C. 弱碱性　D. 中性

102. 专业的洗护产品有________油脂的作用。

A. 吸收　　B. 吸附　　C. 抵消　　D. 清除

103. 头发的角蛋白质纤维非常有力，不易定型，极易恢复原来的头发流向的是________。

A. 油性发　　B. 粗硬发　　C. 干性发　　D. 自然卷发

104. 干性发质容易________。

A. 被吹乱　　B. 被吹焦

C. 起静电　　D. 被吹成各种发型

105. 使用具有焗油护发作用的养发用品，能使干性发质________。

A. 顺滑　　B. 柔美　　C. 不打结　　D. 焕然一新

106. 细软发质的特征是头发数量________。

A. 太少　　B. 太多　　C. 一般　　D. 标准

107. 各种款式的发型基本都适合的是________发质。

A. 粗硬　　B. 中性　　C. 细软　　D. 沙性

108. 细软发质的保养：使用________焗油护发作用的养发用品，以强韧发丝。

A. 富含　　B. 高档　　C. 进口　　D. 具有

109. 表面毛糙，鳞片开裂，形成多孔的是________发质。

A. 染后（受损）B. 烫后（受损）　　C. 漂后（受损）　　D. 干性

110. 染后（受损）发质一般应选________，也可以分段修剪。

A. 超短发　　B. 短发　　C. 中长发　　D. 长发

111. 染后（受损）发质只能在每次洗发后用专业护发剂，使头发重新________光泽和弹性。

A. 修复　　B. 改变　　C. 恢复　　D. 呈现

112. 烫后头发状况大多数为________。

A. 沙性　　B. 中性　　C. 油性　　D. 干性

113. 烫后头发无论是自然吹干还是用吹风机或卷发筒等做成的卷发以及波浪发型均________。

A. 适合　　B. 可以　　C. 适用　　D. 靓丽

114. 烫后头发的保养可使用针对________的养发用品。

A. 正常发质　　B. 干性硬发　　C. 受损发质　　D. 油性发质

115. 自然卷发天生具有波浪似的卷曲，并具有________。

A. 卷曲度　　B. 弹性　　C. 韧性　　D. 力度

116. 适合各种款式的卷发，不用电吹风或卷发筒，只要自然吹干就行的是________头发。

A. 烫后　B. 干性　C. 自然卷　D. 中性

117. 自然卷发的保养一般与________发的护理方法相同。

A. 烫后　B. 染后　C. 沙性　D. 干性硬

118. 毛发常见的生理问题一般有________、脱发及头发早白。

A. 头屑过多　B. 真菌感染性头屑　C. 油脂性头屑　D. 生理性头屑

119. 头发早白有的是由先天性遗传________造成的。

A. 原因　B. 基因　C. 因素　D. 结果

120. 脱发一般有遗传性、脂溢性、真菌感染性及________。

A. 机械刺激　B. 长时间暴晒　C. 生理性　D. 高温环境

121. 由于柔软的头发较服帖，建议尝试俏丽、个性化的________。

A. 卷发　B. 短发　C. 染发　D. 长发

122. 自然卷发只要________好其特点，就能做出各种漂亮的发型。

A. 利用　B. 使用　C. 把握　D. 控制

123. 自然卷发建议将头发________。

A. 剪短　B. 拉直　C. 留长　D. 染色

124. 服帖的头发重点是对________发式的设计。

A. 底部　B. 顶部　C. 侧部　D. 后部

125. 服帖头发如能将发际线打薄，隐约显示出颈部的线条，更能________发型的美感。

A. 展示　B. 显示　C. 体现　D. 表现

126. 粗硬的头发较难打理造型，所以在设计发型时应侧重于________技巧。

A. 吹风　B. 烫发　C. 修剪　D. 染发

127. 把细少的头发在________梳成发髻，较适合正式场合。

A. 头顶部　B. 后脑部　C. 头侧部　D. 颈部

128. 把细少的头发梳在________，适合家居。

A. 后颈　B. 枕骨处　C. 脑后　D. 头顶部

129. 若要显得高贵典雅，就要把细少的头发梳在________。

A. 后脑部　B. 顶部　C. 侧部　D. 后颈

130. 油性发质是因为皮脂腺分泌过于旺盛，从而________头发的生长。

A. 抑制　B. 阻碍　C. 妨碍　D. 影响

131. 油性发质应________控油的洗发用品。

A. 选用　B. 选择　C. 选配　D. 使用

132. 中性发质建议选择一些含有________及润发作用的洗护产品。

A. 营养　　B. 酸性　　C. 滋养　　D. 蛋白质

133. 干性发质往往是由于头皮血液循环不良，造成头发缺乏________。

A. 营养　　B. 油脂　　C. 水分　　D. 蛋白质

134. 因多次烫染及长时间阳光照射等，皆会使头发________发生变化，导致发质受损。

A. 纤维　　B. 鳞片层　　C. 角质蛋白　　D. 皮质层

135. 如果是已经受损发质，应及时使用具有________功能的洗护产品，补充头发所需的蛋白质。

A. 恢复　　B. 修护　　C. 修补　　D. 营养

136. ________为洗发液提供了良好的去污力和丰富的泡沫成分。

A. 助洗剂　　B. 添加剂　　C. 洗涤剂　　D. 调理剂

137. 能增加去污力和泡沫的稳定性，改善洗涤剂性能的是________。

A. 洗涤剂　　B. 助洗剂　　C. 调理剂　　D. 增稠剂

138. 使洗发液拥有各种不同功能和效果的是________。

A. 滋润剂　　B. 助洗剂　　C. 调理剂　　D. 添加剂

139. 护发用品的种类有护发素、营养油、________、护发油、氨基酸、护卷素、精油等。

A. 修复液　　B. 修护霜　　C. 焗油膏　　D. 水解蛋白

140. 护发用品________营养、卫生、物理、化学等多方面的科学知识。

A. 包含　　B. 涵盖　　C. 涉及　　D. 包括

141. 护发用品的成分有维生素配方________、丝蛋白、果酸精华、芦荟汁、活性氨基酸、矿物质、高蛋白、滋养液等。

A. 等离子　　B. 阴离子　　C. 水疗素　　D. 阳离子

142. 固发用品是美发师为顾客做造型时所用的________。

A. 美发用品　　B. 定型剂　　C. 定型物　　D. 饰品

143. 固发用品的主要作用是可以根据美发师所设计发型的形状进行定型，它可以________出不同的发型效果。

A. 制作　　B. 塑造　　C. 创造　　D. 打理

144. ________的头发应该选用护卷素与弹力霜定型。

A. 烫染过　　B. 细软　　C. 粗硬　　D. 干性

145. 含氢硫根的氨基酸有________作用。

A. 裂变　　B. 重组　　C. 分解　　D. 固定

146. 阿摩尼亚可以软化头发的________。

A. 表皮层　B. 皮质层　C. 髓质层　D. 硫化键

147. 中和剂的作用是________固定。

A. 软化　B. 分解　C. 组合　D. 重组

148. 主要成分是硫化乙醇酸的烫发剂的 pH 值为________。

A. 5~6　B. 6~7　C. 7.2~8.2　D. 9 以上

149. 微碱性烫发剂的主要成分是________。

A. 硫化乙醇酸　B. 碳酸铵　C. 碳酸氢铵　D. 胱氨酸

150. 主要成分是碳酸铵的烫发剂的 pH 值为________。

A. 6 以下　B. 6~7　C. 7~8　D. 9 以上

151. ________可使黑色的头发变成红、黄、白等颜色。

A. 漂粉　B. 染发剂　C. 漂淡剂　D. 双氧乳

152. 漂粉内含有的碱性的________，可使毛鳞片张开，便于漂浅剂渗透毛发组织。

A. 碳酸铵　B. 阿摩尼亚　C. 碳酸氢铵　D. 硫化乙醇酸

153. 过氧化氢是一种能________色素的物质。

A. 去除　B. 漂淡　C. 减少　D. 消除

154. 染发剂一般分________类。

A. 3　B. 4　C. 5　D. 6

155. 非永久性染料染发后能令头发保持________周的染色效果。

A. 1~2　B. 2~3　C. 3~4　D. 4~6

156. 很受追求时尚个性的年轻顾客欢迎的是________染料。

A. 临时性　B. 非永久性　C. 氧化非永久性　D. 永久性

157. 永久性染料可分为植物型、________和渗透型。

A. 无氨型　B. 低碱性　C. 营养焗油型　D. 金属型

158. 渗透型染料能够渗透到皮质层中，通过氧化作用与原来的色素粒子相结合，促使发色更加________。

A. 有光泽　B. 自然　C. 艳丽　D. 立体

159. 永久性染料的颜色会均匀地分布于皮质层，并与自然发色混为一体，头发颜色的深浅可视顾客意向________。

A. 控制　B. 选择　C. 调配　D. 选用

160. 美发用品的生产厂家，对生产的各种化学用品必须注明生产日期、保质期并应附有________。

A. 产品成分　B. 产品配方　C. 产品禁忌　D. 使用说明书

161. 对于美发师来讲，掌握与________专业美发用品的质量是尤其重要的。

A. 认识　　B. 识别　　C. 鉴定　　D. 辨别

162. 学会正确________专业美发用品，就不会因产品质量而导致失误。

A. 选择　　B. 使用　　C. 选用　　D. 购买

163. 检查包装时，应该检查观看外包装的________。

A. 品质　　B. 质量　　C. 标识　　D. 色彩

164. 检查外包装上是否________品牌、产品名、生产日期、保质有效期等。

A. 标明　　B. 印刷　　C. 注明　　D. 说明

165. 如果是________美发化妆用品，还应该有中国检疫标志。

A. 高档　　B. 合资生产　　C. 高端　　D. 进口

166. 鉴定乳液状用品时，将瓶子________摆动，使乳液流动，观看其上、下层是否有不均匀的现象。

A. 上下　　B. 左右倾斜　　C. 来回　　D. 摇晃

167. 鉴定粉状用品时，看其是否受潮、有无________等现象。

A. 结块　　B. 斑块　　C. 霉点　　D. 异味

168. 鉴定膏状用品时，看膏体表面是否有光泽、平滑，有无________、异色斑点等。

A. 气泡　　B. 受潮　　C. 气孔　　D. 结块

169. 各种美发化学用品都会有其________的气味。

A. 独特　　B. 相应　　C. 清新　　D. 纯正

170. 检查气味主要根据其包装上所________的香型，辨别其是否纯正。

A. 标明　　B. 说明　　C. 注明　　D. 介绍

171. 有些产品虽未过期，但因________不当，阳光暴晒，也会因变质而失效。

A. 储存　　B. 摆放　　C. 存放　　D. 保存

172. 鉴别洗发液时，要看其液体是否________、细腻。

A. 整洁　　B. 污浊　　C. 干净　　D. 透明

173. 鉴别洗发液时，要看其色泽是否均匀、一致，软硬是否________。

A. 适中　　B. 适度　　C. 恰当　　D. 一致

174. 鉴别洗发液时，要看洗头发时，泡沫是否丰富、________、细腻。

A. 洁白　　B. 柔软　　C. 柔和　　D. 清澈

175. 发油、发蜡、发乳都不同程度地含有________。

A. 颜色　　B. 香味　　C. 黏性　　D. 油性

176. 鉴别发胶时，要看摇晃瓶子时是否________，是否有沉淀物和杂质出现。

A. 呈絮状　B. 透明　C. 清澈　D. 纯正

177. 啫喱水是胶液状________用品。

A. 护发　B. 保湿　C. 固发　D. 饰发

178. 椭圆形脸没有骨骼突出点，展现出________的曲线。

A. 柔和　B. 标准　C. 优美　D. 优雅

179. 椭圆形脸给人以________之美。

A. 活泼可爱　B. 文静秀丽　C. 精明干练　D. 灵巧清秀

180. 显得年轻、活泼、可爱的是________脸。

A. 椭圆形　B. 圆形　C. 倒三角形　D. 菱形

181. 属男性标准脸型的是________脸。

A. 长方形　B. 方形　C. 鹅蛋　D. 瓜子

182. 长方形脸给人以________的感觉。

A. 方正刚毅　B. 清秀灵巧　C. 稳健　D. 朴实

183. 给人以方正刚毅的视觉感的是________脸。

A. 长方形　B. 方形　C. 菱形　D. 三角形

184. 菱形脸给人以________之感。

A. 稳健　B. 方正刚毅　C. 灵巧清秀　D. 活泼可爱

185. 给人稳健感的是________脸。

A. 菱形　B. 方形　C. 三角形　D. 倒三角形

186. 三角形脸给人以________之感。

A. 方正刚毅　B. 稳健　C. 灵敏　D. 朴实

187. 倒三角形脸给人以________的感觉。

A. 朴实　B. 稳健　C. 秀丽　D. 清瘦灵敏

188. 给人以清瘦灵敏的感觉的是________脸。

A. 倒三角形　B. 三角形　C. 菱形　D. 长方形

189. 倒三角形脸又称瓜子脸，其整体脸型轮廓呈________形。

A. 上窄下宽　B. 上宽下窄　C. 柔和优美　D. 灵巧清秀

190. 审视头型要从头的________进行。

A. 正面　B. 后面　C. 顶部　D. 侧面

191. 前顶点、中顶点、枕骨点连成线后呈凹椭圆的是________头型。

A. 圆　B. 椭圆　C. 枕骨凹　D. 平顶

192. ________头型会给人以降低头型的感觉。

A. 平顶 B. 尖顶 C. 圆顶 D. 椭圆

193. 枕骨凹头型的特点是枕骨处扁平或略有凹陷，________处没有凸起圆形。

A. 后脑勺 B. 枕骨 C. 后颈 D. 顶部

194. 枕骨凹头型的________产生了尖的感觉。

A. 中顶部 B. 顶部 C. 侧部 D. 后颈部

195. 枕骨凸头型看起来有________的感觉。

A. 后脑变圆 B. 顶部变方 C. 头型变方 D. 颈部变宽

196. 圆脸型要避免面颊两侧的头发隆起，否则会使________部位显得更宽。

A. 颌骨 B. 颧骨 C. 额头 D. 枕骨

197. 圆脸型和发型的配合关键是增加________的高度。

A. 侧部 B. 前额 C. 顶部 D. 头旋处

198. 方脸型的前额________留齐整的刘海。

A. 适宜 B. 适合 C. 不宜 D. 可以

199. 长脸型的刘海适宜________。

A. 边分 B. 下垂 C. 中分 D. 弧形

200. 菱形脸一般将________的头发拉宽，下部的头发逐步紧缩。

A. 侧部 B. 顶部 C. 后脸型 D. 上部

201. 菱形脸一般将下部的头发逐步紧缩，以________其颧骨凸出的缺点。

A. 遮盖 B. 掩盖 C. 遮住 D. 覆盖

202. 梳理时要将耳朵以上部分的发丝蓬松起来，增加顶部的高度，使两腮的宽度相应减弱的是________脸型。

A. 圆形 B. 正三角形 C. 倒三角形 D. 菱形

203. 适合选择侧分头缝的不对称发式，以露出饱满前额的是________脸型。

A. 方形 B. 倒三角形 C. 圆形 D. 正三角形

204. 倒三角形脸型适合选择________的发型。

A. 中分头缝 B. 侧分头缝 C. 自然头缝 D. 无头缝

205. 发型设计的目的之一是要利用巧妙的________安排，克服头型的缺陷。

A. 外形轮廓 B. 层次高低 C. 纹理流向 D. 发型

206. 美发师应仔细研究顾客的________。

A. 脸型 B. 头型 C. 发质 D. 体型

207. 美发师也可________不同的头型设计出多种时髦的发型。

A. 依照 B. 按照 C. 依据 D. 根据

208. 专业的发型设计要在整体分析的基础上________出来。

A. 产生 B. 创造 C. 塑造 D. 创作

209. 了解发质可以使美发师对发型设计做出正确的________。

A. 判断 B. 选择 C. 修剪 D. 决定

210. 在发型设计上需要注意，有时也会影响到最后的发型的效果的是________。

A. 发质 B. 发色 C. 头旋 D. 头型

211. 头的大小、方圆、平尖都会影响对发型的________。

A. 匹配 B. 适合 C. 选择 D. 对应

212. 发型的选择许多时候都是根据________决定的。

A. 头型 B. 脸型 C. 身材 D. 职业

213. 影响发型的轻重感觉和收缩放大的效果的是________。

A. 发色 B. 发质 C. 头型 D. 头和身的比例

214. 卷曲的头发容易互相交错、打结，很难________。

A. 修剪 B. 打理 C. 设计 D. 梳理

215. 受损发质应该选择有层次的________发型。

A. 短发 B. 中短发 C. 中长发 D. 长发

216. 受损的头发比较适合________发型。

A. 超短发 B. 短发 C. 中长发 D. 中短发

217. 发丝纤细且稀少的头发应在________部位进行烫发。

A. 发根 B. 发干 C. 发梢 D. 发中

218. 发丝纤细且稀少的头发应选择________发型。

A. 中短卷发 B. 短卷发 C. 长直发 D. 短直发

219. 发丝纤细且稀少的头发应让发根微微直立，这样才能产生头发________的视觉效果。

A. 立体 B. 浓密 C. 蓬松 D. 动感

220. 油腻的头发建议用________洗发水。

A. 强碱性 B. 微碱性 C. 弱酸性 D. 温和性

221. 干枯的头发，头皮干燥，还会出现________。

A. 头发分叉 B. 头发断裂 C. 头屑 D. 静电

222. 干枯的头发建议使用________、无药性的洗发水。

A. 有营养 B. 滋润 C. 富有油脂 D. 温和

223. 头发稀少的应将发根烫得高一些，能增加________。

A. 动感 B. 质感 C. 纹理感 D. 立体感

224．粗硬而量多的头发适宜________发型。

A．超短发　B．短发　C．中长发　D．长发

225．粗硬而量多的头发不适宜________发型。

A．短发　B．中长发　C．长发　D．超短发

226．天然卷发留________，能显出其自然的卷曲。

A．短发　B．中短发　C．中长发　D．长发

227．柔软的头发比较适合________发型。

A．短发　B．长发　C．中长发　D．超长发

228．细而柔软的头发做柔和卷曲的发型也很________。

A．恰当　B．靓丽　C．自然　D．适合

二、判断题（下列判断正确的请在括号内打"√"，错误的请在括号内打"×"）

1．顾客应少和美发师在服务过程中进行长时间的聊天，免得美发师分神。（　）

2．人的头发每月生长10～20 mm。（　）

3．随着社会生活的丰富，人们的交际活动越来越多，他们会更加注重自身的发型。（　）

4．美发师应根据顾客的年龄、脸型、发质等状况进行主观设计。（　）

5．落后于时代的发型常被认为是守旧的表现。（　）

6．文静型顾客又被称为担心型。（　）

7．活泼型顾客又被称为挑剔型。（　）

8．洒脱型顾客不太在意自己的形象。（　）

9．执着型顾客可以说是忠诚度最高的。（　）

10．常见的询问方式一般有直接询问和间接询问两种。（　）

11．"您好！请问您平时喜欢什么风格的造型？"这句话属于直接询问。（　）

12．在刚开始询问时，一般采用封闭式询问的方式，因为这种询问的回答很简单。（　）

13．美发师的询问引导可分为问的最低准则、问的目的、问的原则、问的过程4个步骤。（　）

14．对顾客最好的欢迎就是微笑。（　）

15．保持积极的态度，树立"顾客永远是对的"的理念。（　）

16．诚心诚意，会让人有一种亲切感。（　）

17．美发师应做到坚守诚信，凡事留有余地。（　）

18．顾客应多为美发师着想，多听专业人士意见。（　）

19. 遇到喜欢打破砂锅问到底的顾客，美发师要想办法阻止。（　）
20. 为少年儿童修剪发型主要体现其活泼的个性就可以了。（　）
21. 流行的观念在中年人中间最能推广开来。（　）
22. 对于中年女性要尽量推荐她们染黑发，这样看上去更年轻。（　）
23. 老年人的发型设计理念主要是增加发量。（　）
24. 美发师对顾客讲话时始终要用自然的目光盯着对方，保持自信。（　）
25. “您好，最近头皮是否有异常情况？”这句话属于开放式问句。（　）
26. 突发型过敏反应是一种常见的过敏反应。（　）
27. 头发表面油脂量大，弹性不稳定，耐腐性强的是油性发质。（　）
28. 油性发质最适合蓬松的发型。（　）
29. 干性发质常见色泽为深黄色。（　）
30. 各种款式的发型都基本适合细软发质。（　）
31. 受损的头发会影响发型的美观。（　）
32. 烫后（受损）头发大多数为干性，或者表现在发根。（　）
33. 自然卷发具有波浪似的卷曲或小型卷曲，并具有卷度，几乎从来不会变。（　）
34. 头发常见的生理问题一般有头皮屑过多、脱发及早白。（　）
35. 柔软的头发是很难打理的。（　）
36. 服帖的头发特点是发量适中，建议将头发剪短。（　）
37. 细少的头发建议留长发。（　）
38. 油性发质的人占了秃发人群的很大比例。（　）
39. 干性发质往往是由于选用劣质的洗护用品，造成头发缺乏水分。（　）
40. 洗发液的主要成分是洗涤剂、香精和添加剂。（　）
41. 护发用品的种类不多，一般有焗油膏和倒膜膏两种。（　）
42. 固发用品一般有发胶、发油、发蜡等多种。（　）
43. 烫发剂里含有氢硫根的氨基酸和阿摩尼亚及其他附加物。（　）
44. 烫发剂通常可分为3类。（　）
45. 漂发剂的状态有粉、膏、乳、油4种。（　）
46. 染发剂是通过天然色素来改变人工色素达到目标发色。（　）
47. 永久性染料，顾名思义就是永久不会褪色。（　）
48. 目前专业的美发用品市场所出售的美发用品大都可分为3类。（　）
49. 产品鉴定的步骤一般是检查包装、检查质量和检验气味3步。（　）
50. 如果膏体表面呈现出一层水状，则表示该产品已变质。（　）

51. 各种美发化学用品都会有其相应的气味。 ( )

52. 乳液洗发剂在使用时，要看其色泽是否纯正，有无异味，洗后头发是否光亮顺滑。 ( )

53. 发油、发蜡、发乳都不同程度地含有黏性。 ( )

54. 圆形脸，又称为娃娃脸，是女性的标准脸型。 ( )

55. 方形脸的特征是脸蛋开阔，两腮突出，下颌部位较短。 ( )

56. 菱形脸的特征是颧骨突出，前额较宽，下颌部位较尖。 ( )

57. 倒三角形脸的特征是前额宽，下颌部位较尖。 ( )

58. 头型可分为椭圆头型、平顶头型、尖顶头型、枕骨凹头型及枕骨凸头型等。 ( )

59. 枕骨凸头型的特点是后脑勺处凸起较高。 ( )

60. 圆脸型应增加顶部的高度，使脸型稍稍拉长。 ( )

61. 菱形脸与发型的配合应是把下部拉宽，上部紧缩。 ( )

62. 倒三角形脸型适合选择中分头缝，以减弱过宽的前额。 ( )

63. 发型设计的最终目的是使头型产生圆形的效果。 ( )

64. 整体分析专业的发型内容包括：发质、头型、脸型、头和身的比例、发色、发旋等。 ( )

65. 发型的设计许多时候都是为头型考虑的。 ( )

66. 干性的头发做出的发型可以长时间保持。 ( )

67. 柔软的头发做出的发型可以长时间保持。 ( )

68. 发丝纤细且稀少的头发应在湿发时梳理。 ( )

69. 油腻的头发缺乏弹性，易吸收空气里的灰尘。 ( )

70. 粗硬而量多的头发要进行直线修剪。 ( )

71. 天然卷发应将其剪短，这样才能显出其自然的卷曲。 ( )

参考答案

一、单项选择题

1. B　2. C　3. D　4. B　5. B　6. D　7. C　8. C　9. A
10. B　11. C　12. A　13. D　14. C　15. D　16. A　17. B　18. A
19. A　20. B　21. C　22. B　23. B　24. A　25. A　26. C　27. A
28. A　29. D　30. B　31. C　32. A　33. C　34. C　35. D　36. C
37. A　38. A　39. B　40. C　41. D　42. B　43. B　44. A　45. B

46. D　47. A　48. A　49. B　50. B　51. A　52. B　53. C　54. B
55. D　56. B　57. C　58. A　59. B　60. A　61. C　62. A　63. C
64. D　65. B　66. B　67. D　68. C　69. A　70. B　71. B　72. C
73. A　74. D　75. D　76. C　77. A　78. C　79. D　80. A　81. B
82. B　83. A　84. C　85. B　86. C　87. B　88. B　89. C　90. A
91. C　92. C　93. A　94. B　95. C　96. D　97. D　98. B　99. C
100. B　101. A　102. B　103. C　104. A　105. D　106. A　107. C　108. D
109. A　110. B　111. C　112. D　113. C　114. B　115. D　116. C　117. D
118. A　119. C　120. C　121. B　122. A　123. C　124. D　125. C　126. C
127. A　128. C　129. D　130. A　131. B　132. C　133. C　134. A　135. B
136. C　137. C　138. D　139. B　140. C　141. D　142. C　143. B　144. A
145. C　146. A　147. D　148. D　149. C　150. A　151. C　152. B　153. D
154. A　155. D　156. B　157. D　158. B　159. A　160. D　161. B　162. C
163. B　164. C　165. D　166. B　167. A　168. C　169. B　170. C　171. D
172. A　173. B　174. C　175. D　176. A　177. C　178. A　179. B　180. B
181. B　182. D　183. B　184. C　185. C　186. B　187. D　188. A　189. B
190. D　191. B　192. A　193. B　194. A　195. C　196. B　197. C　198. C
199. B　200. D　201. A　202. B　203. B　204. B　205. D　206. B　207. D
208. C　209. B　210. C　211. C　212. B　213. D　214. D　215. A　216. A
217. A　218. A　219. B　220. D　221. C　222. D　223. D　224. C　225. A
226. D　227. A　228. C

二、判断题

1. ×　2. √　3. ×　4. ×　5. √　6. ×　7. ×　8. √　9. √
10. ×　11. √　12. ×　13. √　14. √　15. √　16. √　17. √　18. ×
19. ×　20. √　21. ×　22. ×　23. √　24. ×　25. ×　26. √　27. √
28. ×　29. ×　30. √　31. √　32. ×　33. ×　34. √　35. ×　36. √
37. √　38. √　39. ×　40. ×　41. ×　42. ×　43. √　44. √　45. √
46. ×　47. ×　48. √　49. ×　50. √　51. √　52. √　53. ×　54. ×
55. ×　56. ×　57. √　58. √　59. ×　60. √　61. ×　62. ×　63. ×
64. √　65. ×　66. √　67. ×　68. ×　69. √　70. ×　71. ×

第2章　发型制作

考核要点

理论知识考核范围	考核要点	重要程度
修剪	学习单元1　使用削刀进行修剪操作	
	1. 削刀的认识	掌握
	2. 削刀在削发中的操作技巧	掌握
	3. 削刀削发所产生的效果	掌握
	4. 削刀技法介绍	掌握
	5. 刀具的维护保养	熟悉
	学习单元2　修剪工具的维护和保养	
	1. 剪刀、牙剪的维护和保养	熟悉
	2. 电推剪的维护和保养	熟悉
	3. 其他工具的维护和保养	熟悉
	学习单元3　修剪男式发型	
	1. 男式无色调中分发型的概念	掌握
	2. 男式有色调三七分发型的概念	熟悉
	3. 男式有色调奔式发型的概念	掌握
	4. 男式有色调毛寸发型的概念	熟悉
	5. 男式有色调时尚发型的概念	熟悉
	学习单元4　修剪女式发型	
	1. 各种发型的特点	掌握
	2. 女式中长发斜分刘海碎发发型的概念	掌握
	3. 女式短发旋转式发型的概念	掌握
	4. 女式短发中分发型的概念	熟悉
	5. 女式短发翻翘发型的概念	掌握
	6. 发片分份及拉发片练习	熟悉

续表

理论知识考核范围	考核要点	重要程度
烫发	学习单元1　选择药液和卷杠排列方法	
	1．烫发前的发质鉴定	熟悉
	2．药液的特性	掌握
	3．卷杠排列的方法	掌握
	4．卷烫其他技巧	熟悉
	学习单元2　判断卷发效果	
	1．烫发液的效应	掌握
	2．药液使用后产生问题的原因	熟悉
	3．试卷的操作步骤	掌握
	4．烫发中产生问题的各种原因	熟悉
	5．避免烫发出现问题应采取的措施	掌握
	学习单元3　烫发前后护发操作	
	1．烫前、烫后的护发	掌握
	2．护发的原理	熟悉
	3．烫前的护理方法	掌握
	4．烫后的护理方法	掌握
	5．护发剂的使用	掌握
	6．每日护理的建议	熟悉
	学习单元4　烫发出现的问题及解决方法	
	1．头发的物理和化学知识及作用	熟悉
	2．分析问题产生的原因	掌握
	3．烫发模式的操作方法	掌握
	4．解决问题的方法	熟悉
吹风造型	学习单元1　使用固（饰）发用品进行造型	
	1．吹风造型的目的	掌握
	2．固（饰）发用品的认识	熟悉
	3．造型技巧	掌握
	学习单元2　工具与吹风机的配合	
	1．梳理造型工具使用技巧知识	掌握
	2．不同吹风工具的性能和使用方法	掌握
	3．不同工具效果的区别	熟悉
	4．工具的选择	掌握

续表

理论知识考核范围	考核要点	重要程度
吹风造型	5. 工具的使用方法	掌握
	6. 工具与吹风机的配合	掌握
	7. 吹风机的安全使用及维护保养	掌握
	学习单元3　男式发型吹风造型	
	1. 男式有缝有色调发型吹风造型的概念及质量标准	掌握
	2. 男式无缝有色调发型吹风造型的概念及质量标准	掌握
	3. 男式有缝无色调发型吹风造型的概念及质量标准	掌握
	学习单元4　女式发型吹风造型	
	1. 女式中长发	掌握
	2. 女式短发	掌握

重点复习提示

第1节　修　剪

学习单元1　使用削刀进行修剪操作

一、削刀的认识

1. 专业削发刀

由刀身和刀刃两部分组成。

2. 剃刀

可分为固定刀刃和一次性刀刃两种。该刀具由优质钢材制成，刀刃薄而锋利，既是剃须修面、剃光头的唯一工具，又能削发。

二、削刀在削发中的操作技巧

1. 削刀的持法

使用时，着力点在食指和拇指上。削剪时主要靠手腕的摆动来控制。

2. 削发技巧

（1）正确掌握削刀与头发的角度。削刀与被削的头发之间的夹角应在15°～90°之间。

削发时，削刀距离发根不小于30 mm。

（2）正确掌握削刀滑动的幅度。削刀滑动的幅度确定削去头发的多少和层次的高低。削刀滑动的幅度大，削去的头发多，层次就高；削刀滑动的幅度小，削去的头发少，层次就低。

（3）手的用力要适当。手指夹住头发时，要保持一定的张力，用力不宜过紧或过松；削发时手腕用力要恰当。

三、削刀削发所产生的效果

1. 削发的适时运用会使发型更具有动感美。

2. 用削刀削后的头发轻盈飘逸，甚至卷曲，且发尾呈笔尖形羽毛状。

四、削刀技法介绍

1. 断削刀法

一手持发片，一手持削刀，以两手合拢之力断切发片。若以一手将发片推向或拉向刀刃，则更容易断切发片。运用断削刀法断切的发尾切口齐正，能保持头发的重量。也可将削刀刀刃倾斜，造成发尾斜形切口，用以减轻发尾的重量。

2. 斜削刀法

此法是最常用的一种削法，能使发丝呈现轻巧、细腻、柔软的效果。

3. 外削刀法

用削刀直接削头发的外表面，其目的是使发尾部向外弯曲。

4. 点削刀法

用刀尖点削头发，做局部调整处理。

5. 滚削刀法

其目的是制造碎尾效果，使后颈部发尾呈丝缕状。

6. 砍削刀法

以垂直分份方式夹住发片，削刀平行向下切削发束。此法一般用于制造渐增层次效果。

7. 拔削刀法

一般用于连接层次。

8. 拧削刀法

其目的是使头发层次自然并制造出参差不齐的效果。此法一般用于卷发类。

9. 上平削法

由每片发片的上层向下层平行削下，形成自上而下渐长的上短下长的层次，若多层如此重叠，则会产生平滑飘逸的动态感。

10. 下平削法

由每片发片的下层向上层平行削下，形成自下而上渐长的上长下短的层次，若多层如此重叠，会产生平滑飘逸的动态感。

五、刀具的维护保养

刀具在每次使用前都应用含量为75%的酒精消毒。固定刀刃不锋利时，可在磨刀石上修磨。修磨时，应注意多磨阳口，少磨阴口，其比例为7:1，即阳口磨7下，阴口磨1下。

学习单元2 修剪工具的维护和保养

一、剪刀、牙剪的维护和保养

1. 刀刃异常。目视检查，使用时避免碰摔。

2. 螺钉异常。将剪刀静刃打开90°，自然落下，但不要一落到底，指环与消音器距离为1~2 mm，调紧螺钉。

3. 检查刀刃锋利度。

4. 正确使用剪刀。

5. 使用时避免掉落、碰撞。如果不小心发生，请立即检查，切勿继续使用。

6. 减少空剪的次数，有利于剪刀使用寿命的延长。

7. 选择较好的剪刀包，可有效保护剪刀并有利于工作。

8. 每天擦拭、上油是保养最佳良方。

9. 定期维护保养。

二、电推剪的维护和保养

1. 电推剪在出厂前，已在刀片部位加注专用推剪油，并由专业人士调试好刀片的位置及整机性能。

2. 理发前请先空机运转几秒钟，使刀片内的推剪油充分润滑刀片的接触部位。

3. 电推剪开机时会发出“嗡嗡”的响声，也会有适度的发热和振动。

4. 要保持电推剪的清洁，须经常在刀片处加注推剪油。

5. 工作时，建议连续使用不超过10 min。

6. 每次使用完毕，用干净的擦布擦净电推剪本体，用小毛刷刷净刀片间的碎发和污物，然后加油。

7. 清洁或更换刀片后，须调整刀片的位置，保持上下刀片的刀尖平齐后方可使用。

8. 电推剪在出厂前按额定电压220 V调节性能到最佳状态。使用时若电压偏高，会发出噪声，此时逆时针旋转电推剪右边的调节螺钉，直到噪声消失；若电压偏低，则刀片力度小，摆幅小，此时顺时针旋转调节螺钉，直到产生噪声后，再逆时针旋转调节螺钉，等噪声消失，此时电推剪处于最佳工作状态。

三、其他工具的维护和保养

1. 每天定时整理工具包，坚持每天进行紫外线照射消毒，切忌掉在地上。

2. 坚持每天清洁，及时清理设备内的头发和污垢。

3. 合理布电，对于负荷功率大的设备应单独使用电源插座，并由专业电工负责接地线的工作。每天定时开关。

4. 良好的水质是使焗油机在使用中得到良好效果的重要条件。

5. 每天下班前将设备恢复到原位，拔掉电源开关。

6. 操作时力量适中。

学习单元3　修剪男式发型

一、男式无色调中分发型的概念

发式轮廓线以下头发长度递减，头顶头发长度均等，发型头顶中间有头缝。

二、男式有色调三七分发型的概念

头顶头发长度一致，发式轮廓线以下头发呈坡形并产生色调，色调幅度在 4 cm 以上，发型前额中间有头缝。

三、男式有色调奔式发型的概念

色调幅度在 4 cm 以上，发型没有头缝。

四、男式有色调毛寸发型的概念

头顶头发及四周轮廓呈圆弧形，发式轮廓线以下头发呈坡形并产生色调，色调幅度较长，留发较短。

五、男式有色调时尚发型的概念

色调幅度在 6 cm 以上。

注意事项

1. 男式剪发质量标准

（1）色调匀称，两边相等。

（2）轮廓齐圆，厚薄均匀。

（3）高低适度，前后相称。

2. 电推剪的使用

（1）用右手或左手的食指与拇指握住电推剪的前部，其余手指稳住电推剪，在梳子的配合下用肘部的力量向上推移，必要时也可配合手腕运动。

（2）电推剪在连续使用15 min左右后须关闭电源，稍待片刻后再使用，避免线圈烧坏。

3. 结构的衔接

推剪出的色调与顶部头发容易产生发式轮廓线，一般使用挑剪来处理过渡区域，使其自然衔接。操作时，用发梳引导头发，以底部推剪出的色调为导线，缓慢向上呈弧形移动，剪刀贴合梳子进行修剪。

学习单元4　修剪女式发型

一、各种发型的特点

短发型的特点：干净、清爽、易打理。

中长发型的特点：可爱、清纯、妩媚、易造型。

二、女式中长发斜分刘海碎发发型的概念

头发的长度由较短的顶部向较长的底部慢慢递减。

三、女式短发旋转式发型的概念

顶部头发长度相等，发式轮廓线以下头发长度逐渐递减。

四、女式短发中分发型的概念

头发的长度由较长的顶部向较短的底部逐渐递减。

五、女式短发翻翘发型的概念

头发的长度由较长的顶部向较短的底部逐渐递减，制造堆积感。

第2节　烫　　发

学习单元1　选择药液和卷杠排列方法

一、烫发前的发质鉴定

头发具有不同的特点，在烫发之前，先要了解顾客的发质，以便创造更好的发型。

二、药液的特性

1. 普通型（N）

酸碱性比例相等，适合头发粗细适中的发质，即正常发质。

2. 偏碱性（O）

适合头发较细的发质和受损或需要增加弹性的头发。

3. 强力型（R）

偏碱性，适合头发比较粗硬的发质或不易卷曲的发质。

三、卷杠排列的方法

1. 椭圆模式

采用凹线条与凸线条排列卷杠，可产生波浪效果。

（1）以卷杠长度为基准，在顶部分出曲线形。

（2）以卷杠长度为基准，在头顶区以45°角划分基面，提升90°拉直头发。

（3）头顶区采用凹线条与凸线条排列完成卷杠，保持用力均匀。

（4）头顶区保持45°倾斜基面，将卷杠向下卷动，保持用力均匀。

（5）保持凹线条与凸线条的基面划分一致。

（6）两侧区卷法要保持相同。卷发方向根据发型来决定。

（7）依此方法完成整个头的操作。

2. 砌砖模式

采用最简单的一加二方法排列卷杠，其效果是错落有致，烫发之间紧密相连而不留间隙，造型饱满。

（1）以卷杠长度和直径为基准，在顶部分出一个基面卷杠。

（2）以卷杠长度和直径为基准，在头顶区使用一加二方法，提升90°拉直头发卷杠。

（3）全头采用一加二砌砖模式排列卷杠。

（4）卷杠时保持90°角，注意用力要均匀。

（5）卷杠方向根据发型流向来决定，由前向后。

（6）骨梁区头型变化较大，应保持90°角提升。

（7）后颈部卷杠比较困难，保持提升角度。

（8）使用一加二排列方法，头发走向清晰。

（9）依次完成全部头发。

四、卷烫其他技巧

1. 各种卷烫方法

（1）螺旋烫。适用于长发，烫后呈螺旋状。头发从发根到发尾产生相同的卷曲度。从发根开始，沿着螺旋凹面缠绕上去，直至发尾。

（2）三角烫。烫后头发有明显的三角形纹路，头发蓬松，有个性。操作方法同一般卷法。

（3）万能烫。万能杠由胶皮制成，柔软轻便。烫后头发有弹性、有光泽。

（4）浪板烫。浪板是由一种波纹塑料板制成。烫后头发呈现出规则的波纹形，适合长发。

（5）拐子烫。适用于长发，烫后不用吹风，有一定的弹性，并形成螺旋花纹。

（6）平板烫。平板是由一种平直的塑料制成，用平板的主要目的是把头发烫直。

（7）定位烫。主要是增加发根的张力、弹性，以烫发根为主。

（8）挑烫。二加一烫发法。从顶部开始，按流向卷一发杠，留一发杠不卷，然后再卷一发杠。

（9）锡纸烫。每个发片用锡纸包起，从发根卷起烫发。

（10）夹板烫。用电夹板夹出波纹。

（11）麦穗烫。适用于长发，先将头发编成发辫，然后用卷杠将发辫缠绕在发杠上。

2. 烫发纸的技巧

常用的烫发纸是透水性好的棉纸，它有一定的韧性。

烫发纸绕卷法：将烫发纸缠绕发片的发尾处，卷至完成。

3. 烫发操作质量标准

依据发型要求，采用相应烫发模式排列出多种形状，以达到最佳卷曲效果。

选择适合发质的烫发剂，调节烫发时间及烫发温度，烫出的花纹柔软，头发富有光泽和弹性。

4. 烫发注意事项

（1）卷杠时不能用塑料纸代替烫发纸。

（2）卷杠时，采用正确的提升角度操作，发片受力均匀，卷发杠根据烫发要求排列。

学习单元2　判断卷发效果

一、烫发液的效应

各种 pH 值的冷烫精对头发产生的效应不同。

二、药液使用后产生问题的原因

1. 烫发液的浓度

如果烫发液浓度与发质、发式要求不符，也会影响烫发效果或使波纹弹性不足，或使头发被烫毛。

2. 烫发时间

如果烫发液停留时间过短，化学反应不充分，烫发效果就会受到影响，而造成波纹弹性不足；如果停留时间过长，会使头发过于卷曲，也会影响烫发效果，甚至使发质受损、变毛、干枯。

3. 中和剂的停留时间

（1）含过氧化氢的中和剂，停留时间不得超过 8 min。时间太长会引起头发干燥、脱色。

（2）含溴酸钾、溴酸钠的中和剂，停留时间为10 min左右，时间到后拆杠，冲洗干净，再涂抹护发素。

三、试卷的操作步骤

1．选择试卷烫发区，选定试卷杠进行试卷。

2．打开橡皮筋，拆试卷。

3．将试卷的头发自然放松，检查卷曲效果。

4．卷曲度与烫发杠直径和形状相符，说明已经达到预期效果。

四、烫发中产生问题的各种原因

1．烫发卷曲度不够的原因。

2．烫发卷曲度过大的原因。

五、避免烫发出现问题应采取的措施

1．避免烫发烫伤头皮的注意事项

（1）烫发前，问清顾客是否有皮肤过敏现象。

（2）洗发时，不要用指甲抓挠头皮，抓搓时也不要用力过重，以免划破头皮。

（3）卷杠时，对发片拉力要均匀，卷杠不能过紧。

（4）避免烫发液流淌到皮肤上，损伤皮肤。

（5）需要加热时，要时刻注意顾客的反应，询问受热的程度，避免顾客头皮起泡。

2．避免烫发中发根有勒痕的注意事项

烫发排卷时，在鬓角和前额的上部，常由于皮筋过紧而造成头发上留有勒痕。在卷杠操作时，采用一种变形橡皮带卷杠或采用一种竹签（或木签、塑料签）插在皮筋与头发之间把一排卷杠依次连接起来，这样皮筋的拉力就不会作用于头皮上，也就避免了皮筋勒痕。

学习单元3　烫发前后护发操作

一、烫前、烫后的护发

烫发前可使用含有蛋白质之类的护发剂保护头发。

二、护发的原理

护发剂里的一些保湿因子是由动植物的提取物以及维生素 B_5组成的，它能使干燥的头发柔亮、有弹性。

三、烫前的护理方法

特别是对一些受损的头发，更要注意烫前的护理。

四、烫后的护理方法

经过烫发操作后，特别是烫发液对头发或多或少都会造成一定的损伤，所以更应注意护理头发。

1. 彻底清洗，冲掉烫发液，并用偏酸性的洗发香波。

2. 烫发后，每隔1个月进行一次修护，以免发尾干枯、开叉。

五、护发剂的使用

发尾处轻打薄、剪薄、削薄呈参差稀疏状时，应在发尾处涂抹烫发液之前，先涂抹护发剂。

六、每日护理的建议

尽量让头发在空气中晾干。吹风时，请用专用于卷发的吹风机。

学习单元4　烫发出现的问题及解决方法

一、头发的物理和化学知识及作用

1. 物理知识

头发可分为三层，即表皮层、皮质层和髓质层。

（1）表皮层。表皮层是头发的最外层，由相互附着的几层纤维构成，起保护作用。

（2）皮质层。皮质层是由螺旋蛋白质链构成的。每一条蛋白质链紧密结合在一起。蛋白质链的位置决定头发的质量。

（3）髓质层。髓质层是头发的中心层，与烫发无关。

2. 化学知识

头发被按设计的要求卷在烫发杠上后，涂上冷烫精，角质蛋白之间的分子联系会被软化，连接链断开。软化后，角质蛋白之间的分子结构发生改变，产生新的形状。

（1）温度。化学烫发的温度在30～60℃之间。

（2）用水将冷烫精溶液冲掉，通常冲洗3～5 min即可，发长量多的则需要更多时间。操作时，动作应轻柔，以免冲散头发。

（3）定型。如果中和剂在头发上停留时间过长，则会使头发变得干燥。

二、分析问题产生的原因

1. 烫发后发丝过卷

过卷是因为选择的烫发杠过细，烫出的头发过于卷曲，影响头发质量，使头发干枯、蓬松。或者是因为烫发时间过长，也会使头发过于卷曲，影响烫发效果。

2. 烫发后发丝不卷

不卷是因为选择的烫发杠过粗，烫出的头发缺少弹性或成型不牢固。或者是因为烫发时间过短，化学反应不充分，造成波纹弹性不足、发丝不卷。

3. 烫发后发丝过毛

过毛是因为烫发液停留的时间过长，化学反应过于充分，影响烫发效果，使发质受损、干枯、变毛。

三、解决问题的方法

1. 正确选用烫发纸

（1）选择烫发纸。常用的是透水性好的薄绵纸，它有一定的韧性。切忌用塑料薄膜或油性纸代替。

（2）包裹烫发纸的时候，烫发纸要展开、平坦，不能有褶皱、重叠或厚薄不均的现象。否则，烫发液吸收不均匀或烫后有痕迹。

2. 正确选用卷杠

根据发质条件和发型设计要求选用卷杠。

3. 角度问题

以90°提升解决的方法为例。均匀提起发片，与头皮成90°。正确提升角度烫发，效果是头发弹性均匀、线条流畅、纹理有方向感。

第3节　吹风造型

学习单元1　使用固（饰）发用品进行造型

一、吹风造型的目的

1. 改变发型的轮廓。
2. 改变发型的风格。
3. 改变头发的流向。
4. 弥补脸型和头型的不足。

二、固（饰）发用品的认识

1. 发油

呈液体状，无色无味，能增加头发的油性和光泽。发油适用于干性、中性以及受损发质。

2. 发胶

水状的带有黏性的液体产品，对发型具有较强的定型能力。

3. 发蜡

固体状的带有黏性的产品，对发型具有定型和调整发式纹理的作用。

4. 啫喱

膏状的浓稠的透明液体，对发型具有定型和保湿的作用。

5. 摩丝

泡沫状的带有轻微黏性的造型产品，具有保湿和轻微定型的作用。

6. 发夹

固定头发和改变发丝形状的工具。

三、造型技巧

1. 发油

涂抹时切勿用力按压，以免造成塌陷。

2. 发蜡

应使用手指蘸取适量发蜡进行造型，避免大面积涂抹。

3. 发胶

喷洒时应保持一定距离，避免气压将头发吹散。

学习单元2　工具与吹风机的配合

一、梳理造型工具使用技巧知识

第一，使用时要注意梳子拉头发的力度。

第二，要充分了解、掌握每种梳子的使用方法和功能。

二、不同吹风工具的性能和使用方法

1. 有声吹风机（大功率吹风机）

具有热量高、风量大的特点。

2. 无声吹风机（小功率吹风机）

具有热量小、热量集中的特点。

3. 大吹风机（烘发机）

只用于烘干湿发或烫发加热。

三、不同工具效果的区别

1. 排骨梳

造型后具有丝纹粗犷、动感强的特点。

2. 滚梳

造型后能使头发富有弹性和光泽。

四、工具的选择

1．排骨梳

适用于短发以及前额刘海的吹风造型。

2．滚梳

适用于中长发和长发的吹风造型。

3．钢丝梳

适用于梳理波浪式发型以及束发造型。

五、工具的使用方法

1．排骨梳

（1）别法。梳齿面向头发，将发根处头发与造型方向反向提拉，使其具有弧度和高度。

（2）翻法。梳齿面向头发，运用手指转动将头发做180°翻转，使头发产生弧度。

2．九行梳、钢丝梳

梳齿面向头发，根据发型要求梳理头发，使头发丝纹连贯服帖。

六、工具与吹风机的配合

1．梳刷的变化

（1）角度。梳刷带起头发的角度大小，可以决定发型的蓬松度。

（2）力度。双手使用梳刷的力度要均匀，避免发束高低不等、弧度大小不同。

（3）弧度。梳刷带起头发的弧度要适中，并且要缓慢过渡，避免造成不协调。

2．吹风机的变化

（1）送风角度。一般吹风口不能对着头发直接送风，而应该将吹风机侧斜着，吹风口与头发成45°角左右。

（2）送风位置。送风位置正确与否，直接影响到发型的高度、弧度和流向。

（3）送风时间。送风时间应根据发型及发质来定。

七、吹风机的安全使用及维护保养

吹风机在不使用时应放置于干燥处妥善保存，防止受潮。若电源线有损坏应停止使用，并及时修理更换。不要阻塞入风口和出风口，并定时清理入风口的网罩。

学习单元3　男式发型吹风造型

一、男式有缝有色调发型吹风造型的概念及质量标准

外轮廓造型弧度较圆润，造型流向顺畅自然。

二、男式无缝有色调发型吹风造型的概念及质量标准

造型高度在刘海的一侧，外轮廓造型弧度较圆润。

三、男式有缝无色调发型吹风造型的概念及质量标准

眼睛向前平视时，根据不同的分法在头部找到合适的位置进行分缝。头缝的长度不宜过长，最佳长度至耳点垂直线上。造型高度依发型而定，外轮廓造型弧度较圆润，造型流向顺畅自然。

学习单元4　女式发型吹风造型

一、女式中长发

体现女性直发的柔美感，主要体现女式发型的整体圆润感，吹梳时没有高度的突出点，但可运用填充法对头型进行弥补。

二、女式短发

1. 女式短发旋转式发型的质量标准

主要吹出整体造型的饱满度，造型的高度在于饱满的程度，吹梳时没有高度的突出点，线条流向要清晰明了，符合发型要求，整体呈螺旋状，整体的弧度要有圆润感，流向以顶部螺旋放射向四周为宜，发尾略向前向侧后。

2. 女式短发翻翘发型的质量标准

造型翻翘幅度一般在8～10 cm，整体造型的流向以向上向后为准。

3. 女式短发中分发型的质量标准

线条流向要清晰明了，头部中间有头缝，头发由中间向两边自然分开，线条流畅自然。

辅导练习题

一、单项选择题（下列每题有4个选项，其中只有1个是正确的，请将其代号填写在横线空白处）

1. 剃刀可分为________种。

A. 1　　B. 2　　C. 3　　D. 4

2. 剃刀既能剃须修面，又能________。

A. 剃光头　　B. 剪指甲　　C. 削发　　D. 修眉

3. 剃刀由优质钢材制成，刀刃薄而锋利，既是剃须修面又是剃________的唯一工具。

A. 光头　　B. 汗毛　　C. 眉毛　　D. 层次

4. 使用削刀削发时主要依靠________的摆动来控制。

A. 手腕　　B. 肘部　　C. 手指　　D. 手臂

5. 使用削刀进行削剪操作时，动作的技巧变化主要表现在________、位置及刀刃和头发接触面的大小、多少等方面。

A. 力度　　B. 角度　　C. 幅度　　D. 切面

6. 使用削刀时，着力点在________上。

A. 食指和中指　　B. 中指和无名指

C. 食指和拇指　　D. 拇指和中指

7. 削刀的持法基本与________的持法相同，主要是以食指、拇指为主，其余手指配合动作。

A. 剪刀　　B. 电推剪　　C. 打薄剪　　D. 剃刀

8. 使用________时，着力点在食指和拇指上。

A. 剪刀　　B. 电推剪　　C. 打薄剪　　D. 削刀

9. 使用________时主要靠手腕的摆动来控制。

A. 剪刀　　B. 电推剪　　C. 打薄剪　　D. 削刀

10. 削刀与被削的头发之间的夹角应在________之间。

A. 15°~90°　　B. 25°~90°　　C. 15°~60°　　D. 15°~50°

11. 削发时，削刀距离发根不小于________mm。

A. 20　　B. 30　　C. 40　　D. 50

12. 手指夹住头发时，要保持一定的________，用力不宜过紧或过松。

A. 张力　　B. 技术　　C. 力气　　D. 平衡

13. ________滑动的幅度确定削去头发的多少和层次的高低。

A. 剪刀　　B. 电推剪　　C. 打薄剪　　D. 削刀

14. ________滑动的幅度大，削去的头发多，层次就高。

A. 剪刀　　B. 电推剪　　C. 打薄剪　　D. 削刀

15. ________滑动的幅度小，削去的头发少，层次就低。

A. 剪刀　　B. 电推剪　　C. 打薄剪　　D. 削刀

16. 削发的适时运用会使发型更具有________。

A. 轻盈美　　B. 飘逸美　　C. 动感美　　D. 自然美

17. 用削刀削后的头发________飘逸。

A. 轻盈　　B. 顺滑　　C. 动感　　D. 自然

18. 用削刀削后的头发的发尾呈笔尖形________。

A. 羽毛状　　B. 扇形　　C. 三角形　　D. 菱形

19. 一手持发片，一手持削刀，以两手________之力断切发片，叫作断削刀法。

A. 合拢　　B. 分开　　C. 上下　　D. 左右

20. 若以一手将发片________或拉向刀刃，则更容易断切发片。

A. 送到　　B. 推向　　C. 提向　　D. 挑向

21. 运用断削刀法断切的发尾切口齐正，能保持头发的________。

A. 动感　　B. 重量　　C. 长度　　D. 颜色

22. 利用________进行斜削，其目的是制造层次及减少发量。

A. 剪刀　　B. 电推剪　　C. 打薄剪　　D. 削刀

23. ________是最常用的一种削法，能使发丝呈现轻巧、细腻、柔软的效果。

A. 斜削　　B. 动感削　　C. 平削　　D. 上下削

24. ________：由每片发片的下层向上层斜削，形成自下而上渐长的形状，上层富有悬垂力，下层具有挺括力。

A. 外斜削法　　B. 平削法

C. 内斜削法　　D. 断削法

25. 用刀尖________头发，做局部调整处理，其目的是使发型层次更为通透自然。

A. 点削　　B. 切削　　C. 断削　　D. 拉削

26. ________：削刀直接削头发的外表面，其目的是使发尾部向外弯曲。

A. 外斜削法　　B. 平削法

C. 内斜削法　　D. 断削法

27. 用削刀做局部调整处理一般运用________法。

A. 点削　　B. 切削　　C. 断削　　D. 拉削

28. ________是一手持梳子另一手拿削刀，边梳边削，一般用于短发的后颈处，其目的是制造碎尾效果。

A. 点削　　B. 滚削　　C. 断削　　D. 拉削

29. 为了制造碎尾效果，使后颈部发尾剪切线呈丝缕状，一般运用________法。

A. 点削　　B. 切削　　C. 断削　　D. 滚削

30. 以垂直分份夹住发片，削刀平行向下将发束切削，称为________法。

A. 点削　　B. 切削　　C. 断削　　D. 砍削

31. ________：一般用于连接层次，采用垂直分份方式，中指和食指夹住发片，用削刀将发尾刮断。

A. 外斜削法　　B. 平削法

C. 拔削刀法　　　　D. 断削法

32. 将发束拧成一股再削发，其目的是使头发层次自然并制造出________的效果。

A. 硬朗　　B. 柔和　　C. 平行　　D. 参差不齐

33. 用于连接层次，采用垂直分份方式的技法一般运用在________上。

A. 外斜削法　　　　B. 平削法

C. 内斜削法　　　　D. 拔削刀法

34. 由每片发片的上层向下层平行削下，形成自上而下渐长的上短下长的层次称为________。

A. 外斜削法　　　　B. 上平削法

C. 内斜削法　　　　D. 断削法

35. 由每片发片的下层向上层平行削下，形成自下而上渐长的上长下短的层次称为________。

A. 外斜削法　　　　B. 下平削法

C. 内斜削法　　　　D. 断削法

36. ________会形成自下而上渐长的上长下短的层次，产生平滑飘逸的动态。

A. 外斜削法　　　　B. 下平削法

C. 内斜削法　　　　D. 断削法

37. 刀具在每次使用前都应用含量为________的酒精消毒，使用后要擦拭干净。

A. 85%　　B. 95%　　C. 75%　　D. 55%

38. 固定刀刃不锋利时，可在________上修磨。

A. 石头　　B. 磨刀石　　C. 砂轮　　D. 电动砂轮

39. 修磨时，应注意多磨阳口，少磨阴口，其比例为________。

A. 2:1　　B. 3:1　　C. 7:1　　D. 8:1

40. 定期检查开合状况，调整螺栓。将剪刀静刃打开________，自然落下，但不要一落到底。

A. 80°　　B. 60°　　C. 45°　　D. 90°

41. 指环与消音器距离为________，调紧螺钉，慢慢闭合。

A. 1 ~2 mm　　　　B. 3 ~4 mm

C. 2 ~3 mm　　　　D. 1 ~3 mm

42. 目视检查（可使用放大镜）________是否变形、磨损，使用时避免碰摔。

A. 刀刃　　B. 刀柄　　C. 刀尖　　D. 刀背

43. 准备一张________的单层的面巾纸，用剪刀将它剪开。如果能轻松、顺畅地剪开，表示剪刀很锐利。

A. 干　　B. 半干　　C. 湿　　D. 半湿

44. 如果用剪刀不能顺利地剪开湿的单层面巾纸，表示剪刀________。

A. 锋利　　B. 不锋利

C. 有一点锋利　　D. 非常锋利

45. 使用剪刀剪头发时，如果头发不能被顺利剪断，并且在刀刃上有滑动现象，表示剪刀________。

A. 锋利　　B. 不锋利

C. 有一点锋利　　D. 非常锋利

46. ________使用时避免掉落、碰撞。

A. 刀具　　B. 梳子　　C. 滚梳　　D. 排骨梳

47. 减少________的次数，有利于剪刀使用寿命的延长。

A. 剪发　　B. 空剪　　C. 擦拭　　D. 使用

48. 选择较好的剪刀包，可有效保护________并利于工作。

A. 剪刀　　B. 梳子　　C. 滚梳　　D. 排骨梳

49. 用剪刀擦拭皮从刀背________，从刃底向刃首方向擦拭。

A. 包裹　　B. 开始　　C. 擦拭　　D. 平铺

50. ________上的水分或化学药剂应及时全面地擦拭干净。

A. 刀具　　B. 梳子　　C. 滚梳　　D. 排骨梳

51. 将________点入剪刀结合的压力螺钉的两刃交点，擦净余油。

A. 保护油　　B. 水　　C. 润滑油　　D. 发油

52. 电推剪在出厂前，已在刀片部位加注专用________，并由专业人士调试好刀片的位置及整机性能。

A. 保护油　　B. 推剪油　　C. 润滑油　　D. 发油

53. 理发前请先空机运转几秒钟，使刀片内的________充分润滑刀片的接触部位。

A. 保护油　　B. 推剪油　　C. 润滑油　　D. 发油

54. 电推剪开机时会发出________的响声，也会有适度的发热和振动。

A. “嗒嗒”　　B. “咚咚”　　C. “嗬嗬”　　D. “铛铛”

55. 保持电推剪的清洁，须经常在刀片处加注________。

A. 保护油　　B. 推剪油　　C. 润滑油　　D. 发油

56. 使用电推剪工作时，建议连续使用不超过________。

A. 10 min　　B. 5 min　　C. 20 min　　D. 30 min

57. 每次使用完毕，用干净的擦布擦净________本体，用小毛刷刷净刀片间的碎发和污物，然后加油。

A. 剪刀　　B. 梳子　　C. 滚梳　　D. 电推剪

58. 使用电推剪时若电压偏高，会发出噪声，此时逆时针旋转________右边的调节螺钉，直到噪声消失。

A. 剪刀　　B. 梳子　　C. 滚梳　　D. 电推剪

59. 使用________时若电压偏低，则刀片力度小，摆幅小，此时顺时针旋转调节螺钉。

A. 剪刀　　B. 梳子　　C. 滚梳　　D. 电推剪

60. ________刀片力度小，摆幅小时说明电压太低。

A. 剪刀　　B. 梳子　　C. 滚梳　　D. 电推剪

61. 每次使用________后，须清理工具内的发屑，坚持每天进行紫外线照射消毒。

A. 剪刀　　B. 梳子　　C. 滚梳　　D. 电推剪

62. 坚持每天清洁，及时清理设备内的头发和污垢，定期检查水管是否________。

A. 清理　　B. 维护　　C. 损坏　　D. 漏水

63. 良好的________是使焗油机在使用中得到良好效果的重要条件。

A. 水质　　B. 机器　　C. 头罩　　D. 内胆

64. ________布电，对于负荷功率大的设备应单独使用电源插座。

A. 精确　　B. 合理　　C. 随意　　D. 任意

65. 对于负荷功率大的设备应单独使用电源插座，并由专业电工负责接地线的工作。每天定时________。

A. 检查　　B. 维护　　C. 开关　　D. 关闭

66. 每天下班前将设备恢复到原位，________。

A. 检查　　B. 维护　　C. 拔掉电源开关　　D. 拔掉转接头

67. 每天清理设备内的头发和污垢，________水管是否漏水。

A. 检查　　B. 维护　　C. 开关　　D. 定期

68. 良好的水质是使________在使用中得到良好效果的重要条件。

A. 焗油机　　B. 烘发机　　C. 吹风机　　D. 剪刀

69. ________切忌掉在地上，视情况每隔几天给其上油。

A. 剪刀　　B. 梳子　　C. 滚梳　　D. 电推剪

70. 男式无色调中分发型是发式轮廓线以下头发长度________，头顶头发长度均等，发型头顶中间有头缝。

A. 递减　　B. 递增　　C. 均等　　D. 堆积

71. 头顶头发及四周轮廓呈圆弧形是男式有色调________发型的概念。

A. 中分　　B. 三七　　C. 毛寸　　D. 奔式

72. 男式有色调奔式发型头顶头发长度相等，发式轮廓线以下头发呈坡形并产生色调，色调幅度在________以上，发型没有头缝。

A. 2 cm　　B. 3 cm　　C. 4 cm　　D. 5 cm

73. 修剪男式无色调中分发型时，应先从________开始修剪。

A. 后颈部　　B. 侧面　　C. 头顶　　D. 鬓角

74. 修剪男式无色调中分发型时，发际线应保留一定长度，不能修剪出________。

A. 头缝　　B. 色调　　C. 层次　　D. 长短

75. 修剪发式________层次时，要注意分缝的位置和长度。

A. 头顶　　B. 鬓角　　C. 刘海　　D. 后面

76. 修剪男式有色调三七分发型时，要先推剪周边色调，再修剪________层次。

A. 下面　　B. 右边　　C. 左边　　D. 上面

77. 修剪男式有色调三七分发型时，要注意色调的匀称和层次的________。

A. 堆叠　　B. 衔接　　C. 高低　　D. 均匀

78. 修剪男式有色调三七分发型前面时，________要分明确，不能偏离位置。

A. 层次　　B. 头缝　　C. 长度　　D. 高低

79. 修剪男式有色调奔式发型时，要先________周边色调，再修剪上面层次。

A. 挑剪　　B. 滑剪　　C. 点剪　　D. 推剪

80. 修剪男式有色调奔式发型时，要注意________的匀称和层次的衔接。

A. 层次　　B. 色调　　C. 长度　　D. 高低

81. 修剪男式有色调奔式发型前面时，注意不要有头缝，层次衔接________。

A. 自然　　B. 硬朗　　C. 参差　　D. 飘逸

82. 修剪男式有色调毛寸发型时，要先________周边色调，再修剪上面层次。

A. 挑剪　　B. 滑剪　　C. 点剪　　D. 推剪

83. 修剪男式有色调毛寸发型时，要注意________的匀称和层次的衔接。

A. 层次　　B. 色调　　C. 长度　　D. 高低

84. 修剪男式有色调毛寸发型前面时，注意不要有头缝，层次衔接________、匀称。

A. 自然　　B. 硬朗　　C. 参差　　D. 飘逸

85. 修剪男式有色调时尚发型时，要先________周边色调，再修剪上面层次。

A. 挑剪　　B. 滑剪　　C. 点剪　　D. 推剪

86. 修剪男式有色调时尚发型时，要注意________的匀称和层次的衔接。

A. 层次　　B. 色调　　C. 长度　　D. 高低

87. 修剪男式有色调时尚发型时，注意层次衔接________、匀称。

A. 自然　　B. 硬朗　　C. 参差　　D. 飘逸

88. 男式发型修剪时要注意________匀称，两边相等。

A. 层次　　B. 色调　　C. 长度　　D. 高低

89. 男式发型修剪时要注意高低适度，前后________。

A. 自然　　B. 硬朗　　C. 参差　　D. 相称

90. 男式发型修剪时要注意轮廓齐圆，厚薄________。

A. 自然　　B. 硬朗　　C. 均匀　　D. 相称

91. 使用电推剪时，要用右手或左手的食指与拇指握住电推剪的________。

A. 前部　　B. 中部　　C. 后部　　D. 左边

92. 使用电推剪时，要在________的配合下用肘部的力量向上推移，必要时也可配合手腕运动。

A. 剪刀　　B. 梳子　　C. 电推剪　　D. 牙剪

93. 电推剪在连续使用________min 左右后须关闭电源，稍待片刻后再使用。

A. 20　　B. 30　　C. 15　　D. 25

94. 推剪出的色调与顶部头发容易产生发式轮廓线，一般使用________来处理过渡区域。

A. 挑剪　　B. 推剪　　C. 滑剪　　D. 平剪

95. 推剪后使用________来处理过渡区域，使其自然衔接。

A. 挑剪　　B. 推剪　　C. 滑剪　　D. 平剪

96. 用发梳引导头发，以底部________出的色调为导线，缓慢向上呈弧形移动，剪刀贴合梳子进行修剪。

A. 挑剪　　B. 推剪　　C. 滑剪　　D. 平剪

97. ________发型的特点：干净、清爽、易打理。

A. 长发　　B. 中发　　C. 短发　　D. 超长发

98. ________发型的特点：可爱、清纯、妩媚、易造型。

A. 长发　　B. 超长发　　C. 短发　　D. 中发

99. 女式短发中分发型头发的长度由较长的顶部向较短的底部慢慢________。

A. 递增　　B. 递减　　C. 均等　　D. 堆积

100. 练习发片分份的内容有________分份、垂直发片分份、斜前发片分份、斜后发片分份。

A. 水平发片　B. 竖直发片　C. 向后发片　D. 向前发片

101. 练习拉发片的内容有拉水平发片、拉垂直发片、拉________、拉斜后发片。

A. 向前发片　B. 竖直发片　C. 向后发片　D. 斜前发片

102. 练习拉发片的内容有拉水平发片、拉________、拉斜前发片、拉斜后发片。

A. 竖直发片　B. 垂直发片　C. 向后发片　D. 向前发片

103. 女式中长发斜分刘海碎发修剪时，要先分好区，从________开始。

A. 头顶　B. 刘海　C. 颈部　D. 侧面

104. 女式中长发斜分刘海碎发修剪时，刘海的层次要和________连接。

A. 侧边　B. 后边　C. 头顶　D. 枕骨

105. 女式中长发斜分刘海碎发修剪时，________层次要衔接自然、协调。

A. 侧边　B. 后边　C. 头顶　D. 上下

106. 女式短发旋转式发型的修剪要先分好区，然后从________开始有层次地修剪。

A. 侧边　B. 后边　C. 头顶　D. 颈部

107. 女式________旋转式发型修剪时，刘海的层次要和侧边连接。

A. 短发　B. 长发　C. 中长发　D. 超长发

108. 女式短发旋转式发型________时，上下层次要衔接自然、协调。

A. 挑剪　B. 推剪　C. 滑剪　D. 修剪

109. 女式短发中分发型的修剪要先分好区，然后从________开始有层次地修剪。

A. 侧边　B. 后边　C. 头顶　D. 颈部

110. 女式短发中分发型修剪时，刘海的层次要和________连接。

A. 侧边　B. 后边　C. 头顶　D. 枕骨

111. 女式短发中分发型修剪时，________层次要衔接自然、协调。

A. 侧边　B. 上下　C. 头顶　D. 左右

112. 女式短发翻翘发型的修剪要先分好区，然后从________开始有层次地修剪。

A. 侧边　B. 后边　C. 头顶　D. 颈部

113. 女式短发翻翘发型修剪时，刘海的层次要和________连接。

A. 侧边　B. 后边　C. 头顶　D. 枕骨

114. 女式短发翻翘发型修剪时，________层次要衔接自然、协调。

A. 侧边　B. 后边　C. 上下　D. 枕骨

115. 女式发型修剪时要注意________，长短有序。

A. 层次调和　B. 四周衔接　C. 厚薄均匀　D. 两侧相等

116. 女式发型修剪时要注意轮廓圆润，________。

A. 层次调和 B. 四周衔接 C. 厚薄均匀 D. 两侧相等

117. 女式发型修剪时要注意厚薄均匀，________。

A. 层次调和 B. 四周衔接 C. 厚薄均匀 D. 两侧相等

118. 零层次和边沿层次混合，形成________结构。

A. 高层次 B. 低层次 C. 高大层次 D. 中高层次

119. 均等层次和渐增层次混合，形成________结构。

A. 高层次 B. 低层次 C. 高大层次 D. 中高层次

120. 边沿层次和均等层次混合，形成________结构。

A. 高层次 B. 低层次 C. 高大层次 D. 中高层次

121. 提拉角度与头型成________为零层次结构。

A. 0° B. 45° C. 1°~89° D. 90°

122. 提拉角度与头型成________为边沿层次结构。

A. 0° B. 45° C. 1°~89° D. 90°

123. 提拉角度与头型成________为均等层次结构。

A. 0° B. 45° C. 1°~89° D. 90°

124. ________无论是在视觉上还在触觉上都很油腻，并伴有许多头屑脱落。

A. 油性发质 B. 干性发质 C. 中性发质 D. 混合发质

125. ________由于自然油脂和水分不足，在视觉上光泽度不强，触摸时有粗糙感。

A. 油性发质 B. 干性发质 C. 中性发质 D. 混合发质

126. 头发油脂分泌过多并伴有许多头屑脱落是________的特点。

A. 油性发质 B. 干性发质 C. 中性发质 D. 混合发质

127. ________原有质地良好，头发比较健康。

A. 油性发质 B. 干性发质 C. 中性发质 D. 混合发质

128. ________视觉上头发表面缺少光泽，发尾部分开叉，呈枯黄色。

A. 油性发质 B. 受损发质 C. 中性发质 D. 混合发质

129. 视觉上柔滑光亮，触摸时有柔顺感是________的优点。

A. 油性发质 B. 干性发质 C. 中性发质 D. 混合发质

130. ________药液，酸碱性比例相等，适合头发粗细适中的发质。

A. 普通型 B. 偏碱性 C. 强力型 D. 弱酸性

131. ________药液，适合头发较细的发质和受损或需要增加弹性的头发。

A. 普通型 B. 偏碱性 C. 强力型 D. 弱酸性

132. ________药液，偏碱性，适合头发比较粗硬的发质或不易卷曲的发质。

A. 普通型　　B. 偏碱性　　C. 强力型　　D. 弱酸性

133. ________，采用凹线条与凸线条排列卷杠，可产生波浪效果。

A. 椭圆模式　　B. 砌砖模式　　C. 交叉模式　　D. 叠加模式

134. ________，采用最简单的一加二方法排列卷杠。

A. 椭圆模式　　B. 砌砖模式　　C. 交叉模式　　D. 叠加模式

135. ________的效果是错落有致，烫发之间紧密相连而不留间隙，造型饱满。

A. 椭圆模式　　B. 砌砖模式　　C. 交叉模式　　D. 叠加模式

136. ________排列卷杠以卷杠长度为基准，在头顶区以 45°角划分基面，提升 90°拉直头发。

A. 椭圆模式　　B. 砌砖模式　　C. 交叉模式　　D. 叠加模式

137. ________排列卷杠，先要以卷杠的长度为基准，在顶部分出曲线形。

A. 椭圆模式　　B. 砌砖模式　　C. 交叉模式　　D. 叠加模式

138. ________排列卷杠，头顶区采用凹线条与凸线条排列完成卷杠，保持用力均匀。

A. 椭圆模式　　B. 砌砖模式　　C. 交叉模式　　D. 叠加模式

139. ________排列卷杠，两侧区卷法要保持相同。

A. 椭圆模式　　B. 砌砖模式　　C. 交叉模式　　D. 叠加模式

140. ________排列卷杠，头顶卷发方向根据发型流向来决定向前或向后，依此方法完成整个头的操作。

A. 椭圆模式　　B. 砌砖模式　　C. 交叉模式　　D. 叠加模式

141. 椭圆模式排列卷杠骨梁区保持________倾斜基面，将卷杠向下卷动，保持用力均匀。

A. 45°　　B. 40°　　C. 60°　　D. 90°

142. 砌砖模式排列卷杠以卷杠长度为基准在头顶区使用________方法，提升 90°拉直头发卷杠。

A. 三加一　　B. 四加一　　C. 一加二　　D. 二加二

143. ________排列卷杠，卷发方向根据发型流向来决定，由前向后。

A. 椭圆模式　　B. 砌砖模式　　C. 交叉模式　　D. 叠加模式

144. 砌砖模式排列卷杠，使用________排列方法，头发走向清晰。

A. 三加一　　B. 四加一　　C. 一加二　　D. 二加二

145. 翻翘的________的衔接幅度是整个造型弧度的展现，顶部要吹出饱满弧度，整体发型的高度以刘海展现。

A. 发花　　B. 发尾　　C. 头顶　　D. 刘海

146．砌砖模式排列卷杠，以卷杠长度为基准在头顶区使用一加二方法，提升________拉直头发卷杠。

A．45°　　B．40°　　C．60°　　D．90°

147．女式发型吹风造型轮廓________自然，线条流畅。

A．饱满　　B．和谐　　C．清晰　　D．流畅

148．________适用于长发，烫后呈螺旋状。

A．螺旋烫　　B．三角烫　　C．万能烫　　D．浪板烫

149．________烫后，头发从发根到发尾产生相同的卷曲度。

A．螺旋烫　　B．三角烫　　C．万能烫　　D．浪板烫

150．________操作方法：从发根开始，沿着螺旋凹面缠绕上去。

A．螺旋烫　　B．三角烫　　C．万能烫　　D．浪板烫

151．________烫后有明显的三角形纹路，头发蓬松，有个性。

A．螺旋烫　　B．三角烫　　C．万能烫　　D．浪板烫

152．女式发型要吹出自然流畅的________型线条。

A．M　　B．N　　C．S　　D．H

153．________是用胶皮制成，柔软轻便，烫后头发有弹性、有光泽。

A．螺旋杠　　B．三角杠　　C．万能杠　　D．浪板杠

154．________是由一种波纹塑料板制成的烫发工具。

A．锡纸　　B．夹板　　C．万能杠　　D．浪板

155．________烫后使头发呈现出规则的波纹形，适合长发。

A．螺旋烫　　B．三角烫　　C．万能烫　　D．浪板烫

156．________适用于长发，烫后不用吹风，有一定的弹性，并形成螺旋花纹。

A．拐子烫　　B．三角烫　　C．万能烫　　D．浪板烫

157．________是由一种平直的塑料制成的直发烫工具。

A．平板　　B．夹板　　C．万能杠　　D．浪板

158．________用平板的主要目的是把头发烫直。

A．平板烫　　B．三角烫　　C．万能烫　　D．浪板烫

159．女式中长发吹风先从________开始分层往上吹。

A．前面　　B．后颈部　　C．侧面　　D．头顶

160．________主要是增加发根的张力、弹性，以烫发根和短发为主。

A．螺旋烫　　B．三角烫　　C．万能烫　　D．定位烫

161．________按发式流向，挑出一块三角形发区，将其垂直拎起，使发根直立，然后

从发尾用手卷至发根。

A. 螺旋烫　B. 三角烫　C. 万能烫　D. 定位烫

162. 女式发型整体轮廓要饱满，线条流畅，纹理________。

A. 清晰　B. 模糊　C. 干净　D. 随意

163. 挑烫是________烫发法。

A. 三加一　B. 四加一　C. 二加一　D. 二加二

164. ________烫发法从顶部开始，按流向卷一发杠，留一发杠不卷，然后再卷一发杠。

A. 螺旋烫　B. 三角烫　C. 挑烫　D. 浪板烫

165. ________，即每个发片用锡纸包起，从发根卷起烫发。

A. 螺旋烫　B. 三角烫　C. 锡纸烫　D. 浪板烫

166. ________，即用电夹板在头发上夹出波纹。

A. 夹板烫　B. 麦穗烫　C. 万能烫　D. 浪板烫

167. ________比较适合长发，烫后头发类似麦穗型。

A. 夹板烫　B. 麦穗烫　C. 万能烫　D. 浪板烫

168. ________的卷法是先将头发编成发辫，然后用卷杠将发辫缠绕在发杠上。

A. 夹板烫　B. 麦穗烫　C. 万能烫　D. 浪板烫

169. 常用的烫发纸是透水性好的绵纸，它有一定的________。

A. 厚度　B. 长度　C. 韧性　D. 弹性

170. ________裹纸法是最基本常用的裹纸方法。

A. 单层　B. 双层　C. 叠加　D. 多层

171. 把纸放在头发的下面，稍微长出端点，将纸对折过来压住头发是________裹纸技巧。

A. 单层　B. 双层　C. 叠加　D. 折叠

172. 在烫发卷杠时不能用________代替烫发纸。

A. 塑料纸　B. 餐巾纸　C. 卷筒纸　D. 塑料袋

173. 在烫发卷杠分区时要根据杠子的________来进行分区。

A. 型号　B. 长度　C. 粗细　D. 大小

174. 在烫发时要根据不同的________和发型来选择杠子。

A. 发质　B. 头型　C. 长度　D. 发型

175. 检查烫发卷曲效果，首先打开________。

A. 杠子　B. 橡皮筋　C. 棉纸　D. 发卷

176. 检查烫发卷曲效果，打开________，放掉两圈发杠，将头发自然放松。

A. 杠子　　B. 橡皮筋　　C. 棉纸　　D. 发卷

177. ________与烫发杠直径和形状相符，说明已经达到预期效果。

A. 头发　　B. 卷曲度　　C. 发纸　　D. 杠子

178. 烫发药剂没有上足，会影响头发的________。

A. 头发　　B. 卷曲度　　C. 发纸　　D. 杠子

179. 烫发时间过长会使头发________过卷。

A. 发根　　B. 卷曲度　　C. 发纸　　D. 杠子

180. 烫发时间不足会导致头发卷曲度和________不够。

A. 长度　　B. 力度　　C. 弹性　　D. 颜色

181. 烫发前洗发时，不要用指甲抓挠头皮，抓搓时也不要用力过重，以免划破________。

A. 头皮　　B. 头发　　C. 眼睛　　D. 脸蛋

182. 卷杠时，对发片拉力要均匀，卷杠不能________。

A. 过松　　B. 过紧　　C. 过厚　　D. 过薄

183. 烫发需要加热时，要时刻注意顾客的反应，询问受热的程度，避免________起泡。

A. 头皮　　B. 头发　　C. 眼睛　　D. 脸蛋

184. 在________操作时，采用一种变形橡皮带卷杠可以避免皮筋勒痕。

A. 卷杠　　B. 剪发　　C. 烫发　　D. 染发

185. 采用一种________插在皮筋与头发之间把一排卷杠依次连接起来，可以避免皮筋勒痕。

A. 棍子　　B. 竹签　　C. 杠子　　D. 夹子

186. 采用一种竹签插在皮筋与头发之间把一排卷杠依次连接起来，可以避免________勒痕。

A. 烫发　　B. 皮筋　　C. 染发　　D. 修剪

187. 烫发前应检查头发________情况。

A. 头皮　　B. 颜色　　C. 力度　　D. 长度

188. 防止冷烫液滴在________和衣服上。

A. 头皮　　B. 皮肤　　C. 眼睛　　D. 脸蛋

189. 在烫发中遇到问题要采取________补救措施。

A. 合适　　B. 重做　　C. 重烫　　D. 重卷

190. 要想使头发恢复弹性，使头发紧密、柔亮，就必须对头发加以________。

A. 烫发　　B. 染发　　C. 护理　　D. 拉直

191．通过对头发________，增强头发的弹性。

A．烫发　　B．染发　　C．护理　　D．拉直

192．健康的头发，经过过多的染发、________、风吹日晒、游泳等，也会造成发尾逐渐多孔、干燥、变黄。

A．烫发　　B．漂发　　C．护理　　D．拉直

193．护理有增加头发的________功能。

A．弹性　　B．长度　　C．保湿　　D．干燥

194．护发里的一些________因子是由动植物的提取物以及维生素 B_5 组成的，它能使干燥的头发柔亮、有弹性。

A．弹性　　B．长度　　C．保湿　　D．干燥

195．许多护发用品中含有多种活性蛋白、胶原蛋白、水解蛋白等。这些都是为了增加发质的________而加入的。

A．弹性　　B．长度　　C．保湿　　D．干燥

196．烫发前洗发时应用________和中性的洗发水，用量以洗净为宜，时间不能过长。

A．酸性　　B．碱性　　C．干性　　D．油性

197．烫发洗头抓洗时，以指肚为主，不能用指甲抓头或用力搔头，以避免________受损。

A．头皮　　B．头发　　C．眼睛　　D．脸蛋

198．卷杠时，卷杠粗细要适中，用力适当，不能用力过大，避免________被拉断。

A．头皮　　B．头发　　C．卷杠　　D．绳子

199．经过烫发操作后，特别是烫发液对头发或多或少都会造成一定的损伤，事后要________头发。

A．烫发　　B．染发　　C．护理　　D．拉直

200．烫发后每 2 周或 3 周护理一次。对干枯受损的头发应每周________一次。

A．烫发　　B．染发　　C．护理　　D．拉直

201．烫发后，每隔________个月进行一次修剪，以免发尾干枯、开叉和层次发生变化。

A．1 ~ 3　　B．3 ~ 4　　C．4 ~ 5　　D．1 ~ 2

202．________前洗发时，应用酸性和中性的洗发水，用量以洗净为宜，时间不能过长。

A．烫发　　B．染发　　C．护理　　D．拉直

203．彻底清洗，冲掉烫发液，并用偏________的洗发香波，尽量不要抓擦，应抚揉冲洗。

A．酸性　　B．碱性　　C．干性　　D．油性

204. 烫后的头发用护发素或精华素进行________。

A. 烫发　　B. 染发　　C. 护理　　D. 拉直

205. 烫后的头发洗净后可进行焗油________。

A. 烫发　　B. 染发　　C. 护理　　D. 拉直

206. 烫后的头发要用偏________的洗发香波。

A. 酸性　　B. 碱性　　C. 干性　　D. 油性

207. 烫后洗头应彻底洗净，不能残留________液。

A. 烫发　　B. 染发　　C. 护理　　D. 拉直

208. 发尾处轻打薄、剪薄、削薄呈参差稀疏状时，应在发尾处涂抹烫发液之前，先涂抹________剂。

A. 烫发　　B. 染发　　C. 护发　　D. 拉直

209. 涂抹________剂于头发之前，不可先涂抹烫发液。

A. 烫发　　B. 染发　　C. 护发　　D. 拉直

210. 以前烫过、染过、漂过的头发烫发时要用________剂。

A. 烫发　　B. 染发　　C. 护发　　D. 拉直

211. 烫发中的定型剂冲洗要彻底，用偏________的洗发香波。

A. 酸性　　B. 碱性　　C. 干性　　D. 油性

212. 烫发后要避免过多的________。

A. 吹梳　　B. 洗头　　C. 染发　　D. 拉直

213. 烫发后应该每周进行________。

A. 烫发　　B. 染发　　C. 护发　　D. 拉直

214. 烫出的花纹柔软，富有光泽和________。

A. 弹性　　B. 长度　　C. 保湿　　D. 干燥

215. 各种________卷排列出多种形状，以达到最佳卷曲效果。

A. 烫发　　B. 染发　　C. 护理　　D. 拉直

216. 选择适合发质的________剂，根据发质调制烫发剂。

A. 烫发　　B. 染发　　C. 护理　　D. 拉直

217. ________洗发时，应格外小心香波顺着头发从发根流到发尾，要彻底清洗。

A. 烫发　　B. 染发　　C. 护理　　D. 拉直

218. ________不必每天都洗，否则会使头发损伤，大量吸取头皮油脂。

A. 烫发　　B. 染发　　C. 护理　　D. 拉直

219. 要梳开打结的________，可使用特别的宽齿梳，要避免硬拉硬扯。

A．干头发　B．湿头发　C．烫的头发　D．染的头发

220．头发可分为三层，即________、皮质层和髓质层。

A．表皮层　B．髓质层　C．皮质层　D．毛皮层

221．________是头发的最外层，是由相互附着的几层纤维构成，起保护作用。

A．表皮层　B．髓质层　C．皮质层　D．毛皮层

222．________是由螺旋蛋白质链构成，每一条蛋白质链紧密结合在一起。

A．表皮层　B．髓质层　C．皮质层　D．毛皮层

223．________会软化角质蛋白之间的分子联系。

A．染发剂　B．烫发剂　C．护理剂　D．护色剂

224．________使角质蛋白结构重新变硬、连接链重新组合并固定下来。

A．染发剂　B．烫发剂　C．护理剂　D．中和剂

225．软化后的头发角质蛋白之间的分子结构发生改变，可以改变________形状。

A．统一　B．不同　C．相同　D．很多

226．选择________纸时，切忌用薄膜塑料或油性纸代替。

A．烫发　B．染发　C．护理　D．拉直

227．包裹________纸的时候要展开、平坦，不能有皱褶、重叠或厚薄不均的现象。

A．烫发　B．染发　C．护理　D．拉直

228．根据________条件和发型设计要求选用卷杠。

A．头发　B．卷曲度　C．发质　D．杆子

229．________的作用是使头发柔软，变得弯曲。

A．烫发液　B．染发液　C．护理剂　D．精油

230．头发本身是由蛋白质构成的。它含有不同的________。

A．毛鳞片　B．化学键　C．氨基酸　D．分子

231．三硫化物的________，把多肽连锁结合在一起，使头发具有弹性和伸缩性。

A．毛鳞片　B．化学键　C．氨基酸　D．蛋白质

232．________浓度与发质、发式要求不符，也会影响烫发效果或使波纹弹性不足，或头发被烫毛。

A．烫发液　B．染发液　C．护理剂　D．精油

233．________停放时间过短，化学反应不充分，烫发效果就会受到影响。

A．烫发液　B．染发液　C．护理剂　D．精油

234．________停放时间过长，会使头发过于卷曲，也会影响烫发效果，甚至使发质受损、变毛、干枯。

A. 烫发液　　B. 染发液　　C. 护理剂　　D. 精油

235. 定型中如果时间不充分，即使头发已经烫卷，也是________的。

A. 好看　　B. 不稳定　　C. 有弹性　　D. 毛躁

236. 在涂中和剂前，先用毛巾吸去头发上多余的________。

A. 药水　　B. 水分　　C. 养分　　D. 精华素

237. 含过氧化氢的中和剂，停放时间不得超过________。时间太长会引起头发干燥、脱色。

A. 5 min　　B. 8 min　　C. 9 min　　D. 11 min

238. 电话线一样的小螺旋卷，蓬松度大，可以提升2倍的发量的烫发是________。

A. 螺旋烫　　B. 喇叭烫　　C. 空气烫　　D. 锡纸烫

239. ________：日式烫法，将喇叭发卷向上或向下放置，烫出的效果截然不同。

A. 螺旋烫　　B. 喇叭烫　　C. 空气烫　　D. 锡纸烫

240. 烫前将头发剪碎，再由美发师依据你的脸型烫出蓬松的发卷的烫发是________。

A. 螺旋烫　　B. 喇叭烫　　C. 空气烫　　D. 锡纸烫

241. 药水不易渗透，另外与发片________度有关，均不易烫卷。

A. 多少　　B. 宽度　　C. 长短　　D. 厚薄

242. 头发上附着会妨害到________作用的东西，会影响烫发。

A. 烫发液　　B. 染发液　　C. 护理剂　　D. 精油

243. 有________成分的细粉附着在头发表面，会影响烫发的质量。

A. 塑料　　B. 化学　　C. 金属　　D. 液体

244. 使用的________所含切断二硫化键的物质量少，会造成无法软化。

A. 烫发液　　B. 染发液　　C. 护理剂　　D. 精油

245. ________变质或者过期会影响烫发的效果。

A. 烫发液　　B. 染发液　　C. 护理剂　　D. 精油

246. 使用药剂时，加入太多的护发产品，造成________的功效不足，会造成卷度不够。

A. 烫发液　　B. 染发液　　C. 护理剂　　D. 精油

247. ________第一剂不充分发生作用就停止烫发，会影响最后效果。

A. 烫发液　　B. 染发液　　C. 护理剂　　D. 精油

248. ________第二剂不充分发生作用会影响烫发效果。

A. 烫发液　　B. 染发液　　C. 护理剂　　D. 精油

249. 烫发卷杠时上杠子的技巧不好，对________效果影响很大。

A. 烫发　　B. 染发　　C. 护理　　D. 精油

250. 多数情况下头发的________不是由化学因素造成的，而多数是由不良的卷发操作等机械因素造成的。

A. 多少　B. 厚薄　C. 折断　D. 受损

251. 烫发卷杠时上杠子的技巧不好，对烫发效果影响________。

A. 很大　B. 很小　C. 没有　D. 一点点

252. 翻翘式的整体造型主要体现在________外翻并上翘所形成的外轮廓弧度。

A. 发尾　B. 发中　C. 发根　D. 头顶

253. ________时间过长，烫后头发暗白干燥，产生脱色、脱水现象。

A. 中和剂　B. 一号剂　C. 氧化剂　D. 护理剂

254. ________是一种氧化还原剂，它具有改进头发的表皮层，重组二硫键，固定卷曲的作用。

A. 中和剂　B. 一号剂　C. 氧化剂　D. 护理剂

255. 头发过度损伤，又没有进行适当的________改进就进行烫发会影响效果。

A. 中和　B. 软化　C. 氧化　D. 护理

256. 烫发时遗漏了________程序，会造成头皮灼伤、刺痛。

A. 中和　B. 冲水　C. 卷杠　D. 上药水

257. 多数情况下头发的折断不是由________因素造成的，而多数是由不良的卷发操作等机械因素造成的。

A. 人为　B. 外部　C. 物理　D. 化学

258. 烫后头发暗白干燥，产生脱色、脱水现象是由于________时间过长造成的。

A. 中和剂　B. 一号剂　C. 氧化剂　D. 护理剂

259. ________第二剂的时间要充分发生作用才不会影响烫发效果。

A. 烫发液　B. 染发液　C. 护理剂　D. 精油

260. 烫发卷杠时上杠子的技巧对烫发效果有________的影响。

A. 很大　B. 很小　C. 没有　D. 一点点

261. 烫发卷杠时上杠子的技巧________，对烫发效果影响很大。

A. 多少　B. 厚薄　C. 不好　D. 受损

262. 改变发型的________是吹风造型的目的。

A. 样子　B. 轮廓　C. 方向　D. 形状

263. 吹风造型的目的之一是改变发型的________。

A. 样子　B. 轮廓　C. 方向　D. 风格

264. 弥补脸型和________的不足是吹风造型的目的之一。

A. 头型　B. 轮廓　C. 方向　D. 形状

265. ________：水状的带有黏性的液体产品，对发型具有较强的定型能力。

A. 发胶　B. 发蜡　C. 摩丝　D. 发夹

266. ________：固体状的带有黏性的产品，对发型具有定型和调整发式纹理的作用。

A. 发胶　B. 发蜡　C. 摩丝　D. 发夹

267. ________：泡沫状的带有轻微黏性的造型产品，具有保湿和轻微定型的作用。

A. 发胶　B. 发蜡　C. 摩丝　D. 发夹

268. ________：一般在吹风后涂抹于头发表面或头发受损部位。

A. 发油　B. 发蜡　C. 啫喱　D. 发胶

269. 一般在吹风后用手蘸取少量________根据造型要求灵活造型。

A. 发油　B. 发蜡　C. 啫喱　D. 发胶

270. ________：一般在烫后湿发上使用，均匀涂抹于卷曲部位。

A. 发油　B. 发蜡　C. 啫喱　D. 发胶

271. ________：呈液体状，无色无味，能增加头发的油性和光泽。

A. 发油　B. 发蜡　C. 啫喱　D. 发胶

272. ________：膏状的浓稠的透明液体，对发型具有定型和保湿的作用。

A. 发油　B. 发蜡　C. 啫喱　D. 发胶

273. ________：起到固定头发和改变发丝形状作用的工具。

A. 发胶　B. 发蜡　C. 摩丝　D. 发夹

274. ________：涂抹时切勿用力按压，以免造成塌陷。

A. 发油　B. 发蜡　C. 啫喱　D. 发胶

275. ________：喷洒时应保持一定距离，避免气压将头发吹散。

A. 发胶　B. 发蜡　C. 摩丝　D. 发夹

276. 应使用手指蘸取适量________进行造型，避免大面积涂抹。

A. 发油　B. 发蜡　C. 啫喱　D. 发胶

277. 梳子使用时，要注意梳子拉头发的________，还有梳子和头发之间的角度。

A. 长度　B. 力度　C. 宽度　D. 高度

278. 要充分了解掌握每种________的使用方法和功能。

A. 梳子　B. 剪刀　C. 头发　D. 发型

279. 短发要吹出粗犷的线条，选择________比较合适。

A. 排骨梳　B. 滚梳　C. 剪发梳　D. 包发梳

280. 有声吹风机是发型造型的主要工具，具有________、风量大的特点。

A. 声音大　B. 热量高　C. 体积大　D. 造型时尚

281. 无声吹风机是发型定型的主要工具，具有________、热量集中的特点。

A. 声音大　B. 热量小　C. 体积大　D. 造型时尚

282. ________只用于烘干湿发或烫发加热。

A. 大吹风机　B. 无声吹风机　C. 有声吹风机　D. 鼓风机

283. ________机主要用于吹发型的造型，风力比较大，易于吹干头发和吹梳造型。

A. 大吹风机　B. 无声吹风机　C. 有声吹风机　D. 鼓风机

284. 用________造型后具有丝纹粗犷、动感强的特点。

A. 排骨梳　B. 滚梳　C. 剪发梳　D. 包发梳

285. 用________造型后能使头发富有弹性和光泽。

A. 排骨梳　B. 滚梳　C. 剪发梳　D. 包发梳

286. ________适用于短发以及前额刘海的吹风造型。

A. 排骨梳　B. 滚梳　C. 剪发梳　D. 包发梳

287. ________适用于中长发和长发的吹风造型。

A. 排骨梳　B. 滚梳　C. 剪发梳　D. 包发梳

288. ________适用于梳理波浪式发型以及束发造型。

A. 排骨梳　B. 滚梳　C. 钢丝梳　D. 包发梳

289. ________：梳齿面向头发，将发根处头发与造型方向反向提拉，使其具有弧度和高度。

A. 别法　B. 拉法　C. 翻法　D. 转法

290. ________：梳齿面向头发，运用手指转动将头发做180°翻转，使头发产生弧度。

A. 别法　B. 拉法　C. 翻法　D. 转法

291. ________：梳齿面向头发，自发根处带起头发梳向发梢，吹风机随之送风，使头发平直光亮。

A. 别法　B. 拉法　C. 翻法　D. 转法

292. ________：梳刷带起头发的角度大小，可以决定发型的蓬松度。

A. 角度　B. 力度　C. 弧度　D. 方向

293. ________：双手使用梳刷的力度要均匀，避免发束高低不等，弧度大小不同。

A. 角度　B. 力度　C. 弧度　D. 方向

294. ________：梳刷带起头发的弧度要适中，并且由缓慢过渡，避免造成不协调。

A. 角度　B. 力度　C. 弧度　D. 方向

295. 送风________：一般吹风口不能对着头发直接送风，而应该将吹风机侧斜着，风口与头发呈45°角左右。

A. 角度　　B. 位置　　C. 时间　　D. 方向

296. 送风________正确与否，直接影响到发型的高度、弧度和流向。

A. 角度　　B. 位置　　C. 时间　　D. 方向

297. 送风________的掌握应根据发型及发质来定。

A. 角度　　B. 位置　　C. 时间　　D. 方向

298. ________在不使用时应放置于干燥处妥善保存，防止受潮。

A. 吹风机　　B. 剪刀　　C. 梳子　　D. 头发

299. 若吹风机电源线有损坏，应________使用。

A. 停止　　B. 将就　　C. 继续　　D. 延迟

300. 不要阻塞入风口和出风口，并定时清理入风口的________。

A. 风罩　　B. 网罩　　C. 卡扣　　D. 头发

301. 男式有缝无色调发型________的分法：在眼睛向前平视时，根据不同的分法在头部找到合适的位置进行分缝。

A. 头缝　　B. 梳头　　C. 吹风　　D. 剪发

302. 男式无缝有色调发型的造型高度在刘海的一侧，外轮廓造型弧度较圆润，造型流向以任意前额为准先向后方再向前形成________状。

A. M　　B. N　　C. S　　D. H

303. ________的长度不宜过长，最佳长度至耳点垂直线上。

A. 头缝　　B. 梳头　　C. 吹风　　D. 剪发

304. ________吹风前头发先要吹到半干，然后从发型的后部开始吹起。

A. 头缝　　B. 梳头　　C. 吹风　　D. 剪发

305. 男式无色调中分发型吹前面头发造型时要注意________的分法。

A. 造型　　B. 修剪　　C. 烫发　　D. 染发

306. 男式无色调中分发型吹好________后要注意纹理清晰，自然柔和。

A. 造型　　B. 修剪　　C. 烫发　　D. 染发

307. 男式有色调三七分发型吹风时注意________的用法。

A. 排骨梳　　B. 滚梳　　C. 剪发梳　　D. 包发梳

308. ________手法的熟练运用是吹好头发的关键。

A. 排骨梳　　B. 滚梳　　C. 剪发梳　　D. 包发梳

309. 男式有色调三七分发型________位置非常重要。

A. 头缝　　B. 梳头　　C. 吹风　　D. 剪发

310. 男式有色调奔式发型吹风时注意________的用法。

A. 排骨梳　　B. 滚梳　　C. 剪发梳　　D. 包发梳

311. 女式短发翻翘发型翻翘幅度一般在________，整体造型的流向以向上向后为准。

A. 8～15 cm　　B. 5～8 cm　　C. 8～10 cm　　D. 10～15 cm

312. 男式有色调奔式发型________梳理的方向正反都可以。

A. 头发　　B. 梳头　　C. 吹风　　D. 剪发

313. 男式有色调毛寸发型吹风时注意________的用法。

A. 排骨梳　　B. 滚梳　　C. 剪发梳　　D. 包发梳

314. 排骨梳手法的熟练运用是________头发的关键。

A. 吹好　　B. 染好　　C. 烫好　　D. 剪好

315. 男式有色调毛寸发型不能________。

A. 吹出头缝　　B. 梳头　　C. 吹风　　D. 剪发

316. 男式有色调时尚发型吹风时注意________的用法。

A. 排骨梳　　B. 滚梳　　C. 剪发梳　　D. 包发梳

317. 女式吹风梳理质量标准：轮廓饱满，线条流畅，丝纹________。

A. 清晰　　B. 模糊　　C. 干净　　D. 随意

318. 男式有色调时尚发型吹风造型________方向要明确。

A. 头缝　　B. 线条　　C. 吹风　　D. 剪发

319. 男式吹风发型要轮廓________，饱满自然。

A. 齐圆　　B. 扁平　　C. 自然　　D. 随意

320. 男式吹风发型要轮廓齐圆，________自然。

A. 随意　　B. 饱满　　C. 线条　　D. 纹理

321. 男式吹风发型要发纹________。

A. 圆润　　B. 滋润　　C. 清晰　　D. 随意

322. 女式中长发吹风要使外轮廓圆润饱满，线条清晰流畅，体现女性直发的________感。

A. 刚毅　　B. 柔美　　C. 娴熟　　D. 富态

323. 女式短发旋转式发造型主要吹出整体造型的________，造型的高度在于饱满的程度，吹梳时没有高度的突出点，线条流向要清晰明了。

A. 饱满度　　B. 和谐度　　C. 清晰度　　D. 流畅

324. 女式短发翻翘发型吹风造型的翻翘幅度一般在8～10 cm，整体造型的流向以________向后为准。

A. 向后　　B. 向前　　C. 向上　　D. 向左

325. 女式中长发吹风造型可运用________对头型进行弥补。

A. 掩盖法　B. 螺旋法　C. 填充法　D. 对比法

326. 女式中长发吹风造型整体轮廓要饱满，线条流畅，纹理________。

A. 清晰　B. 模糊　C. 干净　D. 随意

327. 女式短发旋转式发型吹风造型要求整体呈________状，整体的弧度要有圆润感。

A. 螺旋　B. 一边　C. 球形　D. 方形

328. 女式短发旋转式发型吹风造型流向以顶部________状向四周放射为宜，发尾略向前向侧后。

A. 螺旋　B. 弧形　C. 球形　D. 方形

329. 女式短发旋转式发型吹风造型的主要特点是顶部放射成________状。

A. 螺旋　B. 一边　C. 球形　D. 方形

330. 女式短发中分发型吹风造型整体的弧度有要________感，线条流畅。

A. 圆润　B. 和谐　C. 清晰　D. 流畅

331. 女式短发翻翘发型的刘海要吹出自然流畅的________型纹理。

A. M　B. N　C. S　D. H

二、判断题（下列判断正确的请在括号内打“√”，错误的请在括号内打“×”）

1. 削刀削发时主要依靠肘部的来回拉动来控制。（　）
2. 剃刀可分为固定刀刃和一次性刀刃两种。（　）
3. 削刀运作时，着力点在食指和中指上。（　）
4. 长发削发削刀应在头发的2/3处为宜。（　）
5. 削刀削发时主要是手腕用力恰当。（　）
6. 削刀削后的头发轻盈飘逸，甚至卷曲，且发尾呈笔尖形羽毛状。（　）
7. 运用断切刀法的发尾切口凌乱，能保持头发的质量。（　）
8. 内斜削法：由每片发片的下层向上层斜削，形成自下而上渐长的形状，上层富有悬垂力，下层具有挺括力。（　）
9. 用削刀做局部调整处理的一般运用点削法。（　）
10. 以垂直分份夹住发片，削刀平行向下将发束切削，此法称为砍削。（　）
11. 用于连接层次，采用垂直分份方式的一般运用在点削刀法上。（　）
12. 上平削法会形成自下而上渐长的上长下短的层次，产生平滑飘逸的动态感。（　）
13. 修磨时，应注意多磨阳口，少磨阴口，其比例为7:5。（　）
14. 目视检查（可使用放大镜）刀刃体是否变形、磨损，使用时避免碰摔。（　）
15. 如果用剪刀不能顺利地剪开湿的单层面巾纸，表示剪刀锋利。（　）
16. 每天擦拭、上油就是保养修剪工具的最佳良方。（　）

17. 将保护油点入剪刀结合的压力螺丝的两刃交点，擦净余油。 ( )

18. 电推剪开、关时会发出“嗙嗙”的响声，也会有适度的发热和振动，这些现象妨碍电推剪的正常使用。 ( )

19. 清洁或更换刀片之后，须调整刀片的位置使其上、下刀片的刀尖平齐后方可使用。 ( )

20. 电推剪刀片力度小、摆幅小时，说明电压太高。 ( )

21. 延长设备使用寿命的最好方法是操作时力量温和。 ( )

22. 每天下班前将设备恢复到原位，拔掉电源开关。 ( )

23. 剪刀切忌掉在地上，视情况每隔几天给其上油。 ( )

24. 男式有色调奔式发型头顶头发长度相等，发式轮廓线以下头发呈坡形并产生色调，色调幅度在4 cm以上，发型没有头缝。 ( )

25. 修剪刘海层次时，要注意分缝的位置和刘海的长度。 ( )

26. 修剪男式有色调三七分发型前面时，头缝要分明确，不能偏离位置。 ( )

27. 修剪男式有色调奔式发型前面时，注意要有头缝，层次衔接自然。 ( )

28. 修剪男式有色调毛寸发型前面时，注意不要有头缝，层次衔接自然、匀称。 ( )

29. 修剪男式有色调时尚发型时，注意层次衔接自然、匀称。 ( )

30. 男式发型修剪时要注意不需要轮廓齐圆、厚薄均匀。 ( )

31. 电推剪在连续使用15 min左右后须关闭电源，稍待片刻后再使用，避免线圈烧坏。 ( )

32. 发梳引导头发，以底部推剪出的色调为导线，缓慢向上呈弧形移动，剪刀贴合梳子进行修剪。 ( )

33. 女式中分发型短发头发的长度由较长的顶部向较短的底部慢慢递减。 ( )

34. 拉发片练习包括拉水平发片、拉垂直发片、拉斜前发片、拉斜后发片。 ( )

35. 女式中长发斜分刘海碎发发型修剪时，上下层次要衔接自然、协调。 ( )

36. 女式短发旋转式发型修剪时，上下层次不要衔接自然、协调。 ( )

37. 女式短发中分发型修剪时，上下层次要衔接自然、协调。 ( )

38. 女式短发翻翘发型修剪时，上下层次要衔接自然、协调。 ( )

39. 女式发型修剪时要注意厚薄均匀、两侧相等。 ( )

40. 提拉角度与头型呈91°~180°，渐增层次结构。 ( )

41. 边沿层次、均等层次和渐增层次混合，形成低层次结构。 ( )

42. 头发油脂分泌过多并伴有许多头屑脱落是油性发质的特点。 ( )

43. 视觉上柔滑光亮，触摸时有柔顺感是中性发质的优点。 ( )

44. 强力型、偏碱性药液，适合头发比较粗硬的发质或不易卷曲的发质。（　）
45. 砌砖模式的效果是错落有致，烫发之间紧密相连而不留间隙，造型饱满。（　）
46. 椭圆排列卷杠头顶区采用凹线条与凸线条完成卷杠，保持用力均匀。（　）
47. 椭圆排列卷杠骨梁区保持60°倾斜基面，将卷杠向下卷动，保持用力均匀。（　）
48. 砌砖排列卷杠使用一加三排列方法，头发走向清晰。（　）
49. 女式发型整体轮廓要饱满，线条流畅，纹理清晰。（　）
50. 螺旋烫的操作方法从发根开始，沿着螺旋凹面缠绕上去。（　）
51. 烫好后有明显的三角形纹路，头发蓬松，有个性是三角烫烫法。（　）
52. 拐子烫适用于长发，烫后不用吹风，有一定的弹性，并形成螺旋花纹。（　）
53. 平板烫是由一种平直的塑料制成的直发烫工具。（　）
54. 定位烫主要是增加发根的张力、弹性，以烫发根和短发为主。（　）
55. 锡纸烫效果似麻绳烫，呈波浪形，卷时用手随意造型。（　）
56. 麦穗烫的卷法是先将头发编成发辫，然后用卷杠将发辫缠绕在发杠上。（　）
57. 单层裹纸法是最不常用的裹纸方法。（　）
58. 在烫发时要根据不同的发质和发型来选择杠子。（　）
59. 卷曲度与烫发杠直径和形状相符，说明已经达到预期效果。（　）
60. 烫发时间不足会导致头发卷曲度和弹性不够。（　）
61. 烫发需要加热时，要时刻注意顾客的反应，询问受热的程度，避免头皮起泡。（　）
62. 在卷杠操作时，采用一种变形橡皮带卷杠可以避免皮筋勒痕。（　）
63. 在烫发中遇到问题不需要采取补救措施。（　）
64. 健康的头发，经过过多的染发、烫发、风吹日晒、游泳等，也会造成发尾逐渐多孔、干燥、变黄。（　）
65. 许多护发用品中含有多种活性蛋白、胶原蛋白、水解蛋白等。这些都是为了增加发质的弹性而加入的。（　）
66. 注意烫发液的停放时间，避免因时间过久而影响发质。（　）
67. 烫发后，每隔1~2周进行一次修剪，以免发尾干枯、开叉和层次发生变化。（　）
68. 烫后洗头应彻底洗净，不能残留烫发液。（　）
69. 以前烫过、染过、漂过的头发烫发时要用护发剂。（　）
70. 烫发后应该每周进行护发。（　）
71. 选择适合发质的烫发剂，根据发质调制烫发剂。（　）
72. 要梳开打结的湿头发，不需要用宽齿梳，要硬拉硬扯。（　）
73. 髓质层是头发的中心层，与烫发有关。（　）

74. 中和剂使角质蛋白结构重新变硬、连接链重新组合并固定下来。（ ）

75. 根据发质条件和发型设计要求选用卷杠。（ ）

76. 二硫化物的化学键，把多肽连锁结合在一起，使头发具有弹性和伸缩性。（ ）

77. 烫发液停放时间过短，化学反应不充分，烫发效果就会受到影响。（ ）

78. 含过氧化氢的中和剂，停放时间不得超过15 min。时间太长会引起头发干燥、脱色。（ ）

79. 锡纸烫类似烟花烫，发量可提高5倍。（ ）

80. 有金属成分的细粉附着在头发表面，会影响烫发的质量。（ ）

81. 药水变质或者过期会影响烫发的效果。（ ）

82. 烫发液第二剂不充分发生作用不会影响烫发效果。（ ）

83. 烫发液第二剂不充分发生作用会影响烫发效果。（ ）

84. 中和剂时间过长，烫后头发暗白干燥，产生脱色、脱水现象。（ ）

85. 中和剂时间过短，烫后头发暗白干燥，产生脱色、脱水现象。（ ）

86. 烫发液第二剂充分发生作用会影响烫发效果。（ ）

87. 改变头发的流向是吹风造型的主要目的。（ ）

88. 发夹是起到固定头发和改变发丝形状作用的工具。（ ）

89. 发胶在传统发型上被广泛使用，喷洒完成后需要烘干才能定型。（ ）

90. 女式短发翻翘发型的整体造型主要体现在发尾外翻并上翘所形成的外轮廓弧度。（ ）

91. 应使用手指蘸取适量发蜡进行造型，避免大面积涂抹。（ ）

92. 短发要出吹粗犷的线条，选择排骨梳比较合适。（ ）

93. 大吹风机只用于烘干湿发或烫发加热。（ ）

94. 烘发机主要用于烘干头发用，风力大，温度可调控，可以快速均匀地对整个头部进行吹风加热。（ ）

95. 九行梳一般在吹风后整理时使用。（ ）

96. 梳齿面向头发，自发根处带起头发梳向发梢，吹风机随之送风，使头发平直光亮，被称为别法。（ ）

97. 梳刷带起头发的弧度要适中，并且由缓慢过渡，避免造成不协调。（ ）

98. 送风时间应根据发型及发质来定。（ ）

99. 不需要定时清理吹风机入风口的网罩。（ ）

100. 头缝的长度不宜过长，最佳长度至耳点垂直线上。（ ）

101. 男式无色调中分发型吹好造型后要注意纹理清晰，自然柔和。（ ）

102. 男式有色调三七分发型吹风造型的头缝位置非常重要。（　　）

103. 男式有色调奔式发型吹风梳理的方向正反都可以。（　　）

104. 男式有色调毛寸发型做吹风造型时要吹出头缝。（　　）

105. 男式有色调时尚发型做吹风造型时吹风方向要明确。（　　）

106. 男式发型吹风造型要求轮廓齐圆，发纹清晰。（　　）

107. 女式短发翻翘发型吹风造型翻翘幅度一般在 10 ~ 20 cm，整体造型的流向以向上向后为准。（　　）

108. 女式中长发吹风造型整体轮廓要饱满，线条流畅，纹理清晰。（　　）

109. 女式短发旋转式发型吹风造型的主要特点是顶部放射成螺旋状。（　　）

参考答案

一、单项选择题

1. B　2. C　3. A　4. A　5. B　6. C　7. B　8. D　9. D
10. A　11. B　12. A　13. D　14. D　15. D　16. C　17. A　18. A
19. A　20. B　21. B　22. D　23. A　24. C　25. A　26. A　27. A
28. B　29. D　30. D　31. C　32. D　33. D　34. B　35. B　36. B
37. C　38. B　39. C　40. D　41. A　42. A　43. C　44. B　45. B
46. A　47. B　48. A　49. A　50. A　51. A　52. B　53. B　54. C
55. B　56. A　57. D　58. D　59. D　60. D　61. A　62. D　63. A
64. B　65. C　66. C　67. D　68. A　69. A　70. A　71. C　72. C
73. A　74. B　75. C　76. D　77. A　78. B　79. D　80. B　81. A
82. D　83. B　84. A　85. D　86. B　87. B　88. B　89. D　90. C
91. A　92. B　93. C　94. A　95. A　96. B　97. C　98. A　99. B
100. A　101. D　102. B　103. C　104. A　105. D　106. D　107. A　108. D
109. D　110. A　111. B　112. D　113. A　114. C　115. A　116. B　117. D
118. B　119. C　120. D　121. A　122. C　123. D　124. A　125. B　126. A
127. C　128. B　129. C　130. A　131. B　132. C　133. A　134. B　135. B
136. A　137. A　138. A　139. A　140. A　141. A　142. C　143. B　144. C
145. A　146. D　147. A　148. A　149. A　150. A　151. B　152. C　153. C
154. D　155. D　156. A　157. A　158. A　159. B　160. D　161. D　162. A
163. C　164. C　165. C　166. A　167. B　168. B　169. C　170. A　171. D

172. A 173. A 174. A 175. B 176. B 177. B 178. B 179. B 180. C
181. A 182. B 183. A 184. A 185. B 186. B 187. A 188. B 189. A
190. C 191. C 192. A 193. C 194. C 195. A 196. A 197. A 198. B
199. C 200. C 201. D 202. C 203. A 204. C 205. C 206. A 207. A
208. C 209. C 210. C 211. A 212. A 213. C 214. A 215. A 216. A
217. A 218. A 219. B 220. A 221. A 222. C 223. B 224. D 225. B
226. A 227. A 228. C 229. A 230. C 231. B 232. A 233. A 234. A
235. B 236. B 237. B 238. A 239. B 240. C 241. D 242. A 243. C
244. A 245. A 246. A 247. A 248. A 249. A 250. C 251. A 252. A
253. A 254. A 255. D 256. B 257. D 258. A 259. A 260. A 261. C
262. B 263. D 264. A 265. A 266. B 267. C 268. A 269. B 270. C
271. A 272. C 273. D 274. A 275. A 276. B 277. B 278. A 279. A
280. B 281. B 282. A 283. C 284. A 285. B 286. A 287. B 288. C
289. A 290. C 291. B 292. A 293. B 294. C 295. A 296. B 297. C
298. A 299. A 300. B 301. A 302. C 303. A 304. A 305. A 306. A
307. A 308. A 309. A 310. A 311. C 312. A 313. A 314. A 315. A
316. A 317. A 318. C 319. A 320. B 321. C 322. B 323. A 324. C
325. C 326. A 327. A 328. A 329. A 330. A 331. C

二、判断题

1. √ 2. × 3. × 4. √ 5. √ 6. √ 7. × 8. √ 9. √
10. √ 11. × 12. × 13. × 14. √ 15. × 16. √ 17. √ 18. ×
19. √ 20. × 21. √ 22. √ 23. √ 24. √ 25. √ 26. √ 27. ×
28. √ 29. √ 30. × 31. √ 32. √ 33. √ 34. √ 35. √ 36. ×
37. √ 38. √ 39. √ 40. √ 41. × 42. √ 43. √ 44. × 45. √
46. √ 47. × 48. × 49. √ 50. √ 51. √ 52. √ 53. √ 54. √
55. √ 56. √ 57. × 58. √ 59. √ 60. √ 61. √ 62. √ 63. ×
64. √ 65. √ 66. √ 67. × 68. √ 69. √ 70. √ 71. √ 72. ×
73. × 74. √ 75. √ 76. × 77. √ 78. × 79. × 80. √ 81. √
82. × 83. √ 84. √ 85. × 86. × 87. × 88. √ 89. √ 90. √
91. √ 92. √ 93. √ 94. √ 95. √ 96. × 97. √ 98. √ 99. ×
100. √ 101. √ 102. √ 103. √ 104. × 105. √ 106. √ 107. × 108. √
109. √

第3章 剃须修面

考核要点

理论知识考核范围	考核要点	重要程度
消毒、清洁	学习单元1　消毒剃须修面工具	
	1. 消毒知识以及重要性	掌握
	2. 消毒用品的知识	掌握
	3. 剃须修面工具的认识	熟悉
	4. 剃须修面工具及用具消毒的方法	掌握
	5. 注意事项	掌握
	学习单元2　研磨剃刀器具	
	1. 研磨工具的种类	掌握
	2. 研磨工具的使用方法	熟悉
	3. 研磨工具的选择	掌握
	4. 研磨技术	掌握
	5. 注意事项	掌握
	学习单元3　面部皮肤清洁	
	1. 面部清洁工具和清洁用具的使用方法	掌握
	2. 清洁皮肤的方法	掌握
	3. 软化胡须的方法	熟悉
剃须	学习单元1　绷紧皮肤	
	1. 绷紧皮肤的作用	掌握
	2.“张”“拉”“捏”方法的概念	掌握
	3. 刀法的配合	掌握

续表

理论知识考核范围	考核要点	重要程度
剃须	学习单元2　刀法选择	
	1. 根据不同脸部生理特征选用不同刀法	熟悉
	2. 长短刀法的使用及运用范围	掌握
	3. 剃须修面的程序	掌握
	4. 注意事项	掌握
	学习单元3　修剃特殊胡须	
	1. 不同胡须的特点	熟悉
	2. 不同胡须的软化方法	熟悉
	3. 不同胡须的修剃方法	掌握
	4. 注意事项	掌握
	学习单元4　修剃后的面部按摩	
	1. 脸部的相关知识	熟悉
	2. 面部穴位的认识	掌握
	3. 面部按摩	掌握
	学习单元5　修饰胡须	
	1. 胡须修饰工具的知识	熟悉
	2. 胡须的修饰知识	掌握
	3. 胡须及式样	熟悉
	4. 胡须修饰技法	掌握
	5. 注意事项	掌握

重点复习提示

第1节　消毒、清洁

学习单元1　消毒剃须修面工具

一、消毒知识以及重要性

消毒是经由杀灭所有细菌而使物体上不染有病菌的一项进程。

消毒对于理发店至关重要，因为消毒是使用各种对付病菌方法的一项措施。

二、消毒用品的知识

1. 氯制剂消毒

使用有效氯含量500 mg/L的溶液，作用30～60 min，主要用于面盆、毛巾、拖鞋等非金属类、不脱色的用品用具浸泡消毒和物体表面喷洒、涂擦消毒。

2. 戊二醛消毒

使用浓度2%的戊二醛溶液，作用60 min，主要用于剃刀、推剪等金属用品用具的浸泡消毒。

3. 新洁尔灭消毒

使用浓度0.1%的新洁尔灭，可用于美容操作人员手部消毒和工具、器械浸泡消毒。

4. 乙醇消毒

使用浓度75%的乙醇，可用于美容操作人员手部和高频玻璃电极、导入（出）棒等美容器械涂擦消毒。

三、剃须修面工具的认识

1. 固定式刀刃剃刀

固定式刀刃剃刀是由钢质的一个刀身和一个刀柄构成的。

2. 换刃式剃刀

它是一种新发明的装有可取出刀片的美发店用剃刀。

这种刀片可分为直角刀锋、圆形刀锋或一段为圆形而另一段成直角的刀锋等数种。

3. 电动剃须刀

它不像固定式刀刃剃刀那样会把胡须剃得很干净。

四、剃须修面工具及用具消毒的方法

1. 红外线消毒箱温度高于120℃，作用30 min，主要用于剃刀、推剪等金属制品的消毒。

2. 蒸汽、煮沸消毒煮沸15~30 min，主要用于毛巾、面巾、床上用品等布、棉制品的消毒。

五、注意事项

剃刀的优劣主要看刀锋。优质刀的刀锋内膛薄、钢色发青，用手轻轻一弹会发出清脆的声音。使用前应先在刀布表面涂一层蜡，使剃刀润滑，不致伤及刀口；用过后要随时将刀折好，把锋口藏在刀窝口。

学习单元2　研磨剃刀器具

一、研磨工具的种类

1. 磨刀石

（1）天然磨刀石。天然磨刀石是从天然岩石沉淀物中获得的。使用这种磨刀石时，通常和清水或肥皂泡沫一起磨砺。

水磨刀石是从岩石层中分割出来的一种天然磨刀石，通常是由德国生产的。

水磨刀石基本上是一种缓慢磨砺型的磨刀石。

（2）合成磨刀石。诸如史瓦蒂磨刀石和碳化矽磨刀石等合成磨刀石都是人造产物。

碳化矽磨刀石也称金刚砂磨刀石，是由美国制造的一种合成磨刀石。

（3）综合磨刀石。综合磨刀石是由一块水磨刀石和一块合成磨刀石结合而成的。

2. 趟刀布（革砥）

（1）帆布趟刀布。帆布趟刀布是由织成细密或粗糙的亚麻布或绸布做成的。

（2）牛皮趟刀布。牛皮趟刀布最初是从俄罗斯进口的。

牛皮趟刀布或俄罗斯趟刀布是今日所用的最佳趟刀布之一。如果是一条新的牛皮趟刀布，必须天天经过用手磨光的手续，直到彻底地完成了启用时的打磨工作。有数种方法来做好牛皮趟刀布启用时的打磨工作。

（3）马皮趟刀布。马皮趟刀布是由马的皮做成的。可分为两大类：普通的马皮趟刀布和马臀趟刀布。

（4）人造趟刀布。有鉴于已有种种高品质的趟刀布可供选购，所以尽量避免使用人造趟刀布。

二、研磨工具的使用方法

如果将剃刀和磨刀石同时放置于室温下，会获得较为满意的效果。磨刀石可用水或肥皂泡沫加以湿润。磨刀时所占的空间应该有充分余地。

三、研磨工具的选择

1. 磨刀石的种类

在一般的美发厅，磨刀石可大体分为两种：一种是水磨石，另一种是油磨石。水磨石俗称羊干石，油磨石俗称油石。油石宜用油纸或油布包裹保存。

2. 磨刀石的选择

一块好的磨刀石对研磨的效果起着关键性的作用。在选择磨刀石时，一是看磨刀石是否平整，二是看它的硬度，可以用一根坚硬的铁针在磨刀石的背面划一下。

四、研磨技术

1. 磨刀石上的技术

（1）研磨时的姿势与剃刀的持法

1）研磨时的姿势。目前研磨剃刀的方法中，台磨技术较为普遍。台磨是将磨刀石放在台面边缘处，采用站式或坐式均可。

2）剃刀的持法

① 顺口刀磨法刀的持法。刀口向里，右手拇指和其余四指捏住剃刀柄，掌心向下，掌背朝上；左手用拇指和食指揿住刀刃的上部，拇指在上，食指在刀背左上角边缘。

② 剃刀翻身后刀的持法。刀口向外，右手拇指放在刀身后部的上面，其余四指捏住刀柄外面，掌心向内，掌背向外；左手食指揿住刀刃头的左下角部位，拇指放在刀背上。

（2）研磨剃刀的方法

1）顺口刀磨法。

2）逆口刀磨法。这种方法的要求较高，操作较为困难，刀的持法如前。

3）收刀法。剃刀磨至一定的程度，就要进行收刀。收刀法由向前推与向后拉的动作组成。剃刀呈直线运动。

（3）研磨剃刀的技巧

1）掌握轻重。轻重均匀，越磨越轻，这是磨刀真功夫的体现。

2）刀刃口两面平均磨到。研磨剃刀时必须注意原来剃刀的两面都有锋口，防止形成阴阳面。

3）收刀时掌握力度、到位。

2. 趟刀布挡刀

左手要拉紧革砥的末端，使其不会发生中间下垂的情况。

五、注意事项

1. 操作时的安全

研磨剃刀时要注意自身的安全。

2. 研磨剃刀质量检测

（1）没有卷口。刀刃有卷口说明不锋利，所以，首先必须检查有无卷口。有卷口的剃刀不仅切不断毛发，而且还会打滑。

（2）刀刃锐利。

学习单元3 面部皮肤清洁

一、面部清洁工具和清洁用具的使用方法

面部清洁工具主要是洁面乳或香皂和毛巾，清洁用具的使用方法主要是指涂抹和擦拭。

二、清洁皮肤的方法

剃须前，应先用中性肥皂洗净脸部。

三、软化胡须的方法

将软化胡须膏涂于胡须上，使胡须软化。涂上剃须膏或皂液，以利于刀锋对胡须的切割和减轻对皮肤的刺激。

第2节 剃 须

学习单元1 绷紧皮肤

一、绷紧皮肤的作用

皮肤是人体表面一层覆盖层。皮肤是环境与人体的分界线，把人体与周围的环境分开。皮肤表面不断受到磨损，同时不断地由里到外更新。

二、“张”“拉”“捏”方法的概念

1.“张”的方法

“张”就是用食指与拇指贴着皮肤，使两指间的皮肤紧绷，剃刀即在紧绷的部分修剃，这是应用最广的一种手法。

2.“拉”的方法

“拉”是用2~4个手指向外拉紧皮肤，以便剃刀修剃。

3.“捏”的方法

“捏”是用拇指、中指夹住一块皮肤连同肌肉一起捏住。

三、刀法的配合

不同的刀法应该用相应的绷紧动作相配合。反手刀基本上是用“张”的方法配合。削刀常用“拉”的方法配合，食指、中指在一边，拇指在另一边，夹住部分皮肤，拇指隔着皮肤顶住食指与中指的指缝间，向上提拉，剃刀可以对着被夹起的皮肤或手指下端被拉紧的皮肤进行修剃。

学习单元2 刀法选择

一、根据不同脸部生理特征选用不同刀法

肥胖人的脸部比较丰满，脸颊部凹凸相对较少，给修剃带来方便，因此，正手刀、反手刀、推刀均可使用。体态很瘦的人，给人一种皮包骨头的感觉，因而脸颊部凹凸十分明显，如额骨前倾、眉骨突出。

二、长短刀法的使用及运用范围

1. 长短刀法是就刀的行走路线长短而言的

一般长刀的运行距离为7~10 cm。短刀摆动的幅度稍小一点，刀的运行路线稍短一点，一般在3~5 cm。当然，也有在1~2 cm或更短的刀路。

2. 长短刀法的使用也有一定的规律

即对体态较胖的人，多采用长刀法；对体态较瘦的人，多采用短刀法。胡须浓密粗硬时，多用短刀法；胡须稀少细软时，多用长刀法。

3. 手腕的练习技巧

（1）美发师的上肢操作姿势是将两臂抬起，与肩相平，两肘向胸前弯曲75°角，呈弧形，肌肉放松，呼吸均匀。

（2）手腕练习的核心是摇腕。

三、剃须修面的程序

剃刀既可修面又可削发。用剃刀修面是我国美发行业的传统技艺。因这种修面的操作程序在整个运刀过程中，最少不得少于七十二刀半，所以统称为“七十二刀半”。

“七十二刀半”的修面技艺为修面提供了质量保证。

四、注意事项

剃须时的运刀角度：刀背应侧过来，不能竖立着。刀锋是倾斜着从毛发侧面近于横着切进去的。

学习单元3　修剃特殊胡须

一、不同胡须的特点

1. 浓密粗硬型胡须的特点

浓密胡须一般很粗硬，而且多数是络腮胡须。

2. 螺旋型胡须的特点

胡须生长的流向呈螺旋状。

3. 鸡皮肤型胡须的特点

皮肤上生有密密的小疙瘩。

二、不同胡须的软化方法

（1）蒸汽喷雾剃须。用离子喷雾器替代热毛巾，使胡须始终保持湿润软化的状态。

离子喷雾器喷出的雾状水蒸气对准顾客的胡须部位及面颊部位，在离子喷雾器的作用下剃须。这种剃须方法，在冬季和对络腮胡须的修剃十分有效。

（2）用凡士林代替剃须膏进行剃须。用热毛巾焐好胡须以后，用凡士林作为剃须膏涂抹在胡须部位及面颊部位进行剃须。凡士林是油性物质，它可以滋润皮肤，使皮肤处在一定的油脂环境下不会干燥。因此在修剃时，它不会使皮肤受损。

三、不同胡须的修剃方法

1. 络腮胡须的修剃方法

一定要选择非常锋利的刀具，而且要使用短刀，刀的运动路线要有一定的斜切线，这样才能顺利地切断胡须。

2. 浓密粗硬型胡须的修剃方法

浓密胡须一般都很粗硬，而且多数是络腮胡须，故在修剃前焐毛巾的时间要长、要透。

3. 螺旋型胡须的修剃方法

操作前，首先要确认胡须螺旋的部位以及螺旋的方向。

4. 鸡皮肤型胡须的修剃方法

修剃鸡皮肤型胡须焐热毛巾的时间也应比浓密粗硬型胡须长一些，以使须根软化。

5. 黄褐色胡须的修剃方法

黄褐色胡须的特点是质地特别坚韧，修剃时比较困难。因此黄褐色胡须涂的皂沫要浓，热毛巾要焐得透。

6. 瘦人胡须的修剃方法

在处理瘦人胡须时，关键是绷紧。

四、注意事项

1. 特殊型胡须宜顺毛流剃或横剃，不宜逆剃，否则皮肤容易受伤出血。一般的剃须顺序为先顺、后横、再逆、再顺。

2. 在剃人中部位时，因特殊型胡须比较浓密，故只宜顺剃或横剃，不宜逆剃。

学习单元 4　修剃后的面部按摩

一、面部皮肤知识

1. 中性皮肤

特征：油脂、水分分泌均衡，皮肤光滑、幼嫩，没有瑕疵。

2. 干性皮肤

特征：皮脂分泌不足且缺少水分，毛孔细小，脸部呈现干燥、粗糙、脱皮现象。

3. 油性皮肤

特征：皮脂分泌旺盛，肤质较厚，毛孔粗大，皮肤呈油亮感，容易长粉刺，不易出现皱纹，易脱妆。

4. 混合性皮肤

特征：T 字部位油脂分泌旺盛，肤质较厚，毛孔粗大，皮肤呈油亮感，容易长粉刺。

二、面部穴位的认识

1. 迎香穴

位置：鼻翼外旁开 5 分，鼻唇沟内。

2. 太阳穴

位置：眉梢与外眼角之间，向后移 1 寸凹陷处。

3. 下关穴

位置：颧弓下缘与下颌切迹之间的凹陷处，闭口取穴。

4. 上关穴

位置：上关穴位于耳前，下关穴直上，当颧弓的上缘凹陷处。

三、面部按摩

1. 面部的清洁。

2. 修剃完毕以后，由于皮肤毛孔扩张，顾客面部有不适感。可擦矾石，喷薄荷水，进行面部按摩前的准备。

3. 用喷雾器在面部喷上滑粉，喷雾方法与喷薄荷水相同。使用摩面器时，应用毛巾把橡皮头包起来。

学习单元 5 修饰胡须

一、胡须修饰工具的知识

修饰胡须的工具主要有剪刀、牙剪、梳子、剃刀、电推剪。

二、胡须的修饰知识

1. 用梳子和牙剪打薄胡须。

2. 用剪刀把胡须修剪到合适的长度。

3. 用电推剪或剃刀把胡须修剃成一定式样。

三、胡须及式样

只有有一定量的胡须才能修饰出一定的形态来。

四、胡须修饰技法

用软粉笔在胡须部位的皮肤上画出所设计的轮廓，先用电推剪推出上下部的轮廓，再用剃刀剃去不需要的部分，然后用剪刀和梳子剪出所需的长度，最后用剪刀剪齐边缘的线条。

五、注意事项

在用剃刀修饰胡须前，需用热毛巾擦拭并焐透胡须。

辅导练习题

一、单项选择题（下列每题有4个选项，其中只有1个是正确的，请将其代号填写在横线空白处）

1. ________是经由杀灭所有细菌而使物体上不染有病菌的一项进程。
A. 剃须　　B. 烫发　　C. 染发　　D. 消毒

2. ________对于理发店至关重要，因为这是使用各种对付病菌方法的一项措施。
A. 剃须　　B. 烫发　　C. 染发　　D. 消毒

3. 消毒对那些造成感染和可传染疾病的________，或者阻止它们成长，或者予以全部杀灭。
A. 护理　　B. 染料　　C. 毒素　　D. 病菌

4. ________消毒主要用于面盆、毛巾、拖鞋等非金属类用品用具的消毒。
A. 氨制剂　　B. 氙制剂　　C. 氯制剂　　D. 氧制剂

5. ________消毒主要用于剃刀、推剪等金属用品用具的浸泡消毒。
A. 戊二醛　　B. 氙制剂　　C. 氯制剂　　D. 氧制剂

6. 使用浓度________的新洁尔灭，可用于美容操作人员手部消毒和工具、器械浸泡消毒。
A. 0.6%　　B. 0.1%　　C. 0.3%　　D. 0.5%

7. ________刀刃剃刀是由钢质的一个刀身和一个刀柄构成的。
A. 固定式　　B. 换刃式　　C. 削刀　　D. 剪刀

8. ________剃刀是一种新发明的装有可取出刀片的美发店用剃刀。
A. 固定式　　B. 换刃式　　C. 削刀　　D. 剪刀

9. ________刀片可分为直角刀锋、圆形刀锋或一段为圆形而另一段成直角的刀锋等数种。
A. 固定式　　B. 换刃式　　C. 削刀　　D. 剪刀

10. ________剃须刀操作容易，不需要太大的技术，但是它不像固定式刀刃剃刀那样会把胡须剃得很干净。
A. 固定式　　B. 换刃式　　C. 电动　　D. 剪刀

11. ________剃须刀在美发厅内的地位尚待建立，属于日常家用的剃刀。
A. 固定式　　B. 换刃式　　C. 电动　　D. 剪刀

12. 电动剃须刀不像________刀刃剃刀那样会把胡须剃得很干净。

A. 固定式　　B. 换刃式　　C. 电动　　D. 剪刀

13. 红外线消毒箱：温度高于 120℃，作用________min，主要用于剃刀、推剪等金属制品的消毒。

A. 10　　B. 20　　C. 30　　D. 40

14. 蒸汽、煮沸消毒：煮沸________min，主要用于毛巾、面巾、床上用品等布、棉制品的消毒。

A. 15~30　　B. 20~30　　C. 25~35　　D. 25~40

15. 煮沸________min，可以对毛巾等用品进行消毒。

A. 15~30　　B. 20~30　　C. 25~35　　D. 25~40

16. ________应存放于阴凉干燥处。

A. 消毒液　　B. 染发液　　C. 烫发液　　D. 护理液

17. ________的优劣主要看刀锋。优质刀的刀锋内膛薄、钢色发青。

A. 梳子　　B. 推子　　C. 剪刀　　D. 剃刀

18. ________的刀锋既薄且脆，容易因碰伤而产生缺口，因此使用前应先在刀布表面涂一层蜡，使其润滑。

A. 梳子　　B. 推子　　C. 剪刀　　D. 剃刀

19. ________磨刀石是从天然岩石沉淀物中获得的。

A. 天然　　B. 人工　　C. 合成　　D. 化学

20. 使用天然磨刀石时，通常和清水或________泡沫一起磨砺。

A. 污水　　B. 肥皂　　C. 洗衣粉　　D. 洗洁精

21. ________磨刀石基本上是一种缓慢磨砺型的磨刀石。

A. 天然　　B. 人工　　C. 合成　　D. 水

22. 史瓦蒂磨刀石和碳化矽磨刀石等合成磨刀石都是________产物。

A. 天然　　B. 人造　　C. 合成　　D. 化学

23. ________磨刀石所具的优点是能以较短时间，在剃刀上磨出一个尖锐的刀锋。

A. 天然　　B. 人工　　C. 合成　　D. 化学

24. 碳化矽磨刀石也称金刚砂磨刀石，是由美国制造的一种________磨刀石。

A. 天然　　B. 人工　　C. 合成　　D. 化学

25. 综合磨刀石是由一块水磨刀石和一块合成磨刀石________而成的。

A. 天然　　B. 人工　　C. 合成　　D. 结合

26. ________磨刀石的一边颜色呈深黄色。

A. 天然　　B. 人工　　C. 合成　　D. 化学

27. 要使剃刀获得一个修饰的刀锋时，把剃刀放在水磨刀石的一边________。
A. 旋转磨　B. 前后磨　C. 轻磨　D. 重磨
28. ________是由织成细密或粗糙的亚麻布或绸布做成的。
A. 帆布革砥　B. 牛皮革砥　C. 羊皮革砥　D. 马皮革砥
29. ________最初是从俄罗斯进口的，直到今日它仍有“俄罗斯革砥”之称。
A. 帆布革砥　B. 牛皮革砥　C. 羊皮革砥　D. 马皮革砥
30. 一条细密结构的________是最优良的，能为一把剃刀打磨一个持久的刀锋。
A. 帆布革砥　B. 牛皮革砥　C. 俄国革砥　D. 马皮革砥
31. ________或俄罗斯革砥是今日所用的最佳革砥之一。
A. 帆布革砥　B. 牛皮革砥　C. 法国革砥　D. 马皮革砥
32. 一条新的________，它必须天天经过用手磨光的手续。
A. 帆布革砥　B. 牛皮革砥　C. 法国革砥　D. 马皮革砥
33. 有数种方法来做好________启用时的打磨工作。
A. 帆布革砥　B. 牛皮革砥　C. 羊皮革砥　D. 马皮革砥
34. ________是由马的皮做成的。
A. 帆布革砥　B. 牛皮革砥　C. 羊皮革砥　D. 马皮革砥
35. ________可分为两大类：普通的马皮革砥和马臀革砥。
A. 帆布革砥　B. 牛皮革砥　C. 羊皮革砥　D. 马皮革砥
36. 从马的臀部取下的皮革制成一种高品质的________，价格相当高。
A. 帆布革砥　B. 牛皮革砥　C. 革砥　D. 羊皮革砥
37. ________尚未表现出令人满意的成绩。
A. 帆布革砥　B. 牛皮革砥　C. 人造革砥　D. 马皮革砥
38. 已有种种高品质的革砥可供选购，所以尽量避免使用________。
A. 帆布革砥　B. 牛皮革砥　C. 人造革砥　D. 马皮革砥
39. ________的质量差，使用效果不是很理想。
A. 帆布革砥　B. 牛皮革砥　C. 人造革砥　D. 马皮革砥
40. 如果将剃刀和磨刀石同时放置于________下，会获得较为满意的效果。
A. 桌椅　B. 室温　C. 冰箱　D. 烤箱
41. 磨刀石可用水或________泡沫加以湿润，也可以干磨。
A. 肥皂　B. 洗衣粉　C. 洗洁精　D. 柔顺剂
42. 磨刀时所占的________应该有充分余地，以使磨刀的手臂行动不受任何阻碍。
A. 空间　B. 椅子　C. 桌子　D. 角落

43. 用左手拉紧________的末端，使它不会发生中间下垂的情形。

A. 剪子　　B. 梳子　　C. 革砥　　D. 刀子

44. ________俗称羊干石。

A. 水磨石　　B. 合成石　　C. 天然石　　D. 砂轮

45. ________俗称油石。

A. 水磨石　　B. 合成石　　C. 天然石　　D. 油磨石

46. 磨刀石可大体分为两种：一种是________，另一种是油磨石。

A. 水磨石　　B. 合成石　　C. 天然石　　D. 人工石

47. ________宜用油纸或油布包裹保存。

A. 水磨石　　B. 合成石　　C. 天然石　　D. 油磨石

48. ________用水做湿润剂。

A. 水磨石　　B. 合成石　　C. 天然石　　D. 油磨石

49. 一块好的________对研磨的效果起着关键性的作用。

A. 磨刀石　　B. 合成石　　C. 天然石　　D. 油磨石

50. 在选择磨刀石时，一是看磨刀石是否________，二是看它的硬度。

A. 平整　　B. 好看　　C. 光滑　　D. 凹凸

51. 可以用一根坚硬的铁针在________的背面划一下来检查其硬度。

A. 磨刀石　　B. 合成石　　C. 天然石　　D. 油磨石

52. 目前研磨剃刀的方法中，________技术较为普遍。

A. 台磨　　B. 研磨　　C. 细磨　　D. 精磨

53. ________时上身保持直立并略向前倾斜，两肘成一定的角度，手腕自然地摆动。

A. 台磨　　B. 研磨　　C. 细磨　　D. 精磨

54. ________刀磨法：刀口向里，右手拇指和其余四指捏住剃刀柄，掌心向下，掌背朝上。

A. 顺口　　B. 厉口　　C. 伤口　　D. 市口

55. ________刀磨法：这种方法的要求较高，操作较为困难。

A. 顺口　　B. 逆口　　C. 伤口　　D. 市口

56. ________法：剃刀磨至一定的程度，就要进行收刀。

A. 收刀　　B. 开刀　　C. 滚刀　　D. 削刀

57. ________由向前推与向后拉的动作组成。剃刀呈直线运动。

A. 收刀法　　B. 开刀　　C. 滚刀　　D. 削刀

58. 轻重均匀，越磨________，这是磨刀真功夫的体现。

A. 越轻　　B. 越重　　C. 越快　　D. 越滑

59. 开始时重一些，目的是加快________。

A. 节奏　　B. 速度　　C. 进度　　D. 完成

60. 研磨剃刀时必须注意原来剃刀的________都有锋口，防止形成阴阳面。

A. 两面　　B. 一面　　C. 前面　　D. 后面

61. 用左手拉紧________的末端，使它不会发生中间下垂的情形。

A. 帆布革砥　　B. 革砥　　C. 人造革砥　　D. 马皮革砥

62. 收刀时掌握________、到位。

A. 长度　　B. 时间　　C. 力度　　D. 耐度

63. 全部刀刃都推拉到位，才能达到________的要求。

A. 收刀　　B. 开刀　　C. 滚刀　　D. 削刀

64. 研磨剃刀时要注意自身的安全，尤其是________。

A. 收刀　　B. 开刀　　C. 滚刀　　D. 试刀

65. 刀刃有________说明不锋利。

A. 卷口　　B. 圆口　　C. 方口　　D. 长口

66. 有卷口的剃刀不仅切不断毛发，而且还会________。

A. 越轻　　B. 越重　　C. 越快　　D. 打滑

67. 剃须前，应先用________肥皂洗净脸部。

A. 酸性　　B. 碱性　　C. 中性　　D. 油性

68. 洗净脸后，再用热毛巾焐胡须，或将软化胡须膏涂于胡须上，使胡须________。

A. 软化　　B. 顺滑　　C. 干净　　D. 柔顺

69. 涂上剃须膏或皂液，以利于刀锋对胡须的切割和减轻对皮肤的________。

A. 磨损　　B. 刺激　　C. 影响　　D. 伤害

70. ________是人体表面一层覆盖层。

A. 皮肤　　B. 表皮　　C. 胡须　　D. 毛发

71. ________是环境与人体的分界线，把人体与周围的环境分开。

A. 皮肤　　B. 表皮　　C. 胡须　　D. 毛发

72. ________表面不断受到磨损，同时不断地由里到外更新。

A. 皮肤　　B. 表皮　　C. 胡须　　D. 毛发

73. “________”就是用食指与拇指贴着皮肤，使两指间的皮肤紧绷，剃刀即在紧绷的部分修剃。

A. 张　　B. 拉　　C. 捏　　D. 拿

74. “________”是用2~4个手指向外拉紧皮肤，以便剃刀修剃。

A. 张　B. 拉　C. 捏　D. 拿

75. “________”是用拇指、中指夹住一块皮肤连同肌肉一起捏住，使被捏部分皮肤鼓起，拿剃刀轻剃。

A. 张　B. 拉　C. 捏　D. 拿

76. 不同的刀法应该用相应的________动作相配合。

A. 绷紧　B. 剃须　C. 拿刀　D. 剃刀

77. 正手刀与推刀，基本上用“________”的方法配合。

A. 张　B. 拉　C. 捏　D. 拿

78. 削刀常用“________”的方法配合，食指、中指在一边，拇指在另一边，夹住部分皮肤。

A. 张　B. 拉　C. 捏　D. 拿

79. ________刀法的选择主要取决于顾客的体态。

A. 修剪　B. 修剃　C. 滑剪　D. 平剪

80. ________人的脸部比较丰满，脸颊部凹凸相对较少，给修剃带来方便，因此，正手刀、反手刀、推刀均可使用。

A. 肥胖　B. 瘦　C. 高　D. 矮

81. 额部用正手刀和________来修剃。

A. 短刀　B. 长刀　C. 削刀　D. 点刀

82. 长短刀法是就刀的行走________长短而言的。

A. 路线　B. 过程　C. 方法　D. 时间

83. 一般长刀的运行距离为________。

A. 7～20 cm　B. 7～10 cm　C. 7～15 cm　D. 5～10 cm

84. 短刀摆动的幅度稍小一点，刀的运行________稍短一点。

A. 路线　B. 过程　C. 方法　D. 时间

85. 长短刀法的使用也有一定的________。

A. 场合　B. 规律　C. 方法　D. 技巧

86. 根据具体情况及个人________来决定使用长短刀法的具体部位。

A. 场合　B. 规律　C. 方法　D. 技巧

87. 对体态较瘦的人，多采用短刀法________。

A. 场合　B. 规律　C. 方法　D. 技巧

88. 胡须浓密粗硬时，多用________。

A. 短刀法　B. 长刀法　C. 削刀法　D. 拉刀法

89. 胡须稀少细软时，多用________。
A. 短刀法　B. 长刀法　C. 削刀法　D. 拉刀法
90. 颈部以________为主，用拉、捏的方法来修剃。
A. 短刀法　B. 长刀法　C. 削刀法　D. 拉刀法
91. 美发师的上肢操作姿势是将两臂抬起，与肩相平，两肘向胸前弯曲________。
A. 55°角　B. 65°角　C. 75°角　D. 85°角
92. 手腕练习的________是摇腕。
A. 核心　B. 方法　C. 技巧　D. 模式
93. 练习摇腕时两臂与左手不动，右手手腕在________上做左右摇摆运动。
A. 上面　B. 平面　C. 下面　D. 左面
94. ________既可修面又可削发。用剃刀修面是我国美发行业的传统技艺。
A. 削刀　B. 剃刀　C. 剪刀　D. 推刀
95. 修面的操作程序在整个运刀过程中，最少不得少于________。
A. 七十二刀半　B. 七十二刀
C. 七十三刀　D. 七十四刀
96. “________”的修面技艺为修面提供了质量保证。
A. 七十二刀半　B. 七十二刀
C. 七十三刀　D. 七十四刀
97. 当剃刀锋刃接触皮肤时，________应侧过来，不能竖立着。
A. 刀身　B. 刀背　C. 刀柄　D. 刀锋
98. ________是倾斜着从毛发侧面近于横着切进去的，切断力强，且不易刮破皮肤。
A. 刀身　B. 刀背　C. 刀柄　D. 刀锋
99. 要看顾客有没有留须的________，特别是留痣毛的爱好。
A. 爱好　B. 个性　C. 历史　D. 传统
100. ________胡须的特点：浓密胡须一般很粗硬，而且多数是络腮胡须。
A. 浓密粗硬型　B. 螺旋型
C. 鸡皮肤型　D. 黄褐色
101. ________胡须的特点：胡须生长的流向呈螺旋状。
A. 浓密粗硬型　B. 螺旋型
C. 鸡皮肤型　D. 黄褐色
102. ________胡须的特点：皮肤上生有密密的小疙瘩。
A. 浓密粗硬型　B. 螺旋型

C. 鸡皮肤型　　D. 黄褐色

103. 用________喷雾器替代热毛巾，使胡须始终保持湿润软化的状态。

A. 离子　　B. 蒸汽　　C. 冷光　　D. 电子

104. ________喷雾器喷出的雾状水蒸气对准顾客的胡须部位及面颊部位。

A. 离子　　B. 蒸汽　　C. 冷光　　D. 电子

105. 在________喷雾器的作用下剃须。这种剃须方法，在冬季和对络腮胡须的修剃十分有效。

A. 离子　　B. 蒸汽　　C. 冷光　　D. 电子

106. 用热毛巾焐好胡须以后，用________作为剃须膏涂抹在胡须部位及面颊部位进行剃须。

A. 凡士林　　B. 剃须膏　　C. 肥皂　　D. 护肤膏

107. ________是油性物质，它可以滋润皮肤。

A. 凡士林　　B. 剃须膏　　C. 肥皂　　D. 护肤膏

108. 皮肤处在一定的________环境下，不会干燥。

A. 凡士林　　B. 油脂　　C. 肥皂　　D. 护肤膏

109. 胡须呈________者，一定要选择非常锋利的刀具。

A. 浓密粗硬型　　B. 螺旋型　　C. 鸡皮肤型　　D. 黄褐色

110. 修剃络腮胡须，刀的运动路线要有一定的________，这样才能顺利地切断胡须。

A. 斜切线　　B. 直线　　C. 斜后线　　D. 后切线

111. ________胡须一般都很粗硬，而且多数是络腮胡须，故在修剃前焐毛巾的时间要长、要透。

A. 浓密　　B. 螺旋型

C. 鸡皮肤型　　D. 黄褐色

112. 操作前，首先要确认胡须________的部位以及螺旋的方向。

A. 浓密粗硬　　B. 螺旋

C. 鸡皮肤　　D. 黄褐色

113. ________胡须的特点是在皮肤上有密密的小疙瘩。

A. 浓密粗硬型　　B. 螺旋型

C. 鸡皮肤型　　D. 黄褐色

114. 修剃________胡须焐热毛巾的时间也应比浓密粗硬型胡须长一些，以使须根软化。

A. 浓密粗硬型　　B. 螺旋型

C. 鸡皮肤型　　D. 黄褐色

115. ________胡须的特点是质地特别坚韧，修剃时比较困难。

A. 浓密粗硬型　　B. 螺旋型
C. 鸡皮肤型　　D. 黄褐色

116. 修剃________胡须时，胡须涂的皂沫要浓，热毛巾要焐得透。

A. 浓密粗硬型　　B. 螺旋型
C. 鸡皮肤型　　D. 黄褐色

117. 在处理瘦人胡须时，关键是________。

A. 绷紧　　B. 放松　　C. 拉皮　　D. 提拉

118. 特殊型胡须宜顺毛流剃或横剃，不宜________，否则皮肤容易受伤出血。

A. 顺剃　　B. 竖剃　　C. 正剃　　D. 逆剃

119. 在剃人中部位时，因特殊型胡须比较浓密，故只宜顺剃或________，不宜逆剃。

A. 竖剃　　B. 流剃　　C. 横剃　　D. 反剃

120. ________胡须容易患皮肤病。

A. 浓密粗硬型　　B. 螺旋型
C. 鸡皮肤型　　D. 黄褐色

121. ________皮肤特征：油脂、水分分泌均衡，皮肤光滑、幼嫩，没有瑕疵。

A. 中性　　B. 干性　　C. 油性　　D. 混合型

122. ________皮肤特征：皮脂分泌不足且缺水分，毛孔细小，脸部呈现干燥、粗糙、脱皮现象。

A. 中性　　B. 干性　　C. 油性　　D. 混合性

123. ________皮肤特征：皮脂分泌旺盛，肤质较厚，毛孔粗大，皮肤呈油亮感，容易长粉刺，不易出现皱纹，易脱妆。

A. 中性　　B. 干性　　C. 油性　　D. 混合性

124. 迎香穴位置：鼻翼外旁开________，鼻唇沟内。

4分　　B. 7分　　C. 5分　　D. 8分

125. 下关穴位置：颧弓________与下颌切迹之间的凹陷处，闭口取穴。

A. 下缘　　B. 上缘　　C. 左面　　D. 右面

126. 太阳穴位置：眉梢与外眼角之间，向后移________寸凹陷处。

A. 2　　B. 3　　C. 4　　D. 1

127. 擦矾石，喷薄荷水，是进行面部按摩前的________。

A. 准备　　B. 开始　　C. 过程　　D. 方法

128. 用________在面部喷上滑粉，喷雾方法与喷薄荷水相同。

A. 手　　B. 网　　C. 喷雾器　　D. 棉扑

129. 使用摩面器时，应用________把橡皮头包起来。

A. 袋子　　B. 毛巾　　C. 盒子　　D. 湿布

130. ________按摩的常用四种手法是点、揉、按、压。

A. 面部　　B. 头部　　C. 背部　　D. 手部

131. 攒竹穴在眉________的凹陷处。

A. 内侧　　B. 外侧　　C. 上面　　D. 下面

132. 睛明穴在目内眦________凹陷处。

A. 内侧　　B. 外侧　　C. 上方　　D. 下面

133. 修饰胡须的工具主要有剪刀、牙剪、梳子、________、电推剪。

A. 剃刀　　B. 毛巾　　C. 镜子　　D. 干布

134. 用________修饰胡须前，需用热毛巾擦拭并焐透胡须。

A. 剃刀　　B. 剪刀　　C. 梳子　　D. 电推剪

135. 只有有一定量的________才能修饰出一定的形态来。

A. 胡须　　B. 头发　　C. 眉毛　　D. 睫毛

二、判断题（下列判断正确的请在括号内打“√”，错误的请在括号内打“×”）

1. 消毒对于理发店至关重要，因为消毒是使用各种对付病菌方法的一项措施。（　　）

2. 浓度95%的乙醇可用于美容操作人员手部和高频玻璃电极、导入（出）棒等美容器械涂擦消毒。（　　）

3. 换刃式剃刀是一种新发明的装有可取出刀片的美发店用剃刀。（　　）

4. 电动剃须刀在美发厅内的地位尚待建立，属于日常家用的剃刀。（　　）

5. 红外线消毒箱：温度高于120℃，作用30 min，主要用于剃刀、推剪等金属制品的消毒。（　　）

6. 剃刀的保养：剃刀的优劣主要看刀锋。优质刀的刀锋内膛薄，钢色发青。（　　）

7. 比利时磨刀石是从比利时发现的岩层中分割出来的一种天然磨刀石。（　　）

8. 如果磨砺的手法不适当，不会造成高低不平的刀锋。（　　）

9. 合成磨刀石的一边颜色呈红色。（　　）

10. 牛皮革砥或俄罗斯革砥是今日所用的最佳革砥之一。（　　）

11. 有数种方法来做好俄罗斯革砥启用时的打磨工作。（　　）

12. 马皮革砥可分为两大类：普通的马皮革砥和马臀革砥。（　　）

13. 人造革砥的质量差，使用效果不是很理想。（　　）

14. 磨刀石可用水或肥皂泡沫加以湿润，也可以干磨。（　　）

15. 油磨石俗称油石。 ( )

16. 油石以油做湿润剂。 ( )

17. 磨刀石的“泥”分子要小要细，这样对刀刃的损伤小并易“起口”。 ( )

18. 顺口刀磨法：刀口向里，右手拇指和其余四指捏住剃刀柄，掌心向下，掌背朝上。 ( )

19. 收刀法由向前推与向后拉的动作组成。剃刀呈直线运动。 ( )

20. 研磨剃刀时必须注意原来剃刀的两面都有锋口，防止形成阴阳面。 ( )

21. 研磨剃刀时应掌握不同部位或前或后略翘起着刀，以达到刀面全部锋利。 ( )

22. 用头发在刀刃上试切，若头发一碰不断裂，说明已达到锋利程度。 ( )

23. 涂上剃须膏或皂液，以利于刀锋对胡须的切割和减轻对皮肤的刺激。 ( )

24. 皮肤表面不断受到磨损，同时不断地由里到外更新。 ( )

25. “张”是用拇指、中指夹住一块皮肤连同肌肉一起捏住，使被捏部分皮肤鼓起，拿剃刀轻剃。 ( )

26. “绷紧”应配合其他刀法操作。 ( )

27. 额部用正手刀和短刀来修剃。 ( )

28. 一般刀的运行路线在 3 ~ 5 cm 之间称为长刀。 ( )

29. 剃须时多用短刀法，修面时多用长刀法。 ( )

30. 颈部以削刀为主，用拉、捏的方法来修剃。 ( )

31. 手腕练习的核心是摇腕。 ( )

32. “七十二刀半”的修面技艺为修面提供不了质量保证。 ( )

33. 焐毛巾时不要盖住顾客的鼻孔或弄湿顾客的衣领。 ( )

34. 黄褐色胡须的特点：胡须质地特别柔软。 ( )

35. 用离子喷雾器替代热毛巾，使胡须始终保持湿润软化的状态。 ( )

36. 凡士林是干性物质，它可以滋润皮肤。 ( )

37. 络腮胡须修面一定要选择非常锋利的刀具。 ( )

38. 鸡皮肤型胡须的特点是在皮肤上有密密的小疙瘩。 ( )

39. 黄褐色胡须的特点是质地特别坚韧，修剃时比较困难。 ( )

40. 特殊型胡须宜顺毛流剃或横剃，不宜逆剃，否则皮肤容易受伤出血。 ( )

41. T字部位油脂分泌旺盛，肤质较厚，毛孔粗大，皮肤呈油亮感，容易长粉刺是中性皮肤特征。 ( )

42. 上关穴位于耳前，下关穴直上，当颧弓的上缘凹陷处。 ( )

43. 剃须完毕以后，由于皮肤毛孔扩张，顾客面部有不适感。 ( )

44. 迎香穴在鼻翼沟上方凹陷处。　（　）

45. 只有有一定量的胡须才能修饰出一定的形态来。　（　）

参考答案

一、单项选择题

1. D	2. D	3. D	4. C	5. A	6. B	7. A	8. B	9. B
10. C	11. C	12. A	13. C	14. A	15. A	16. A	17. D	18. D
19. A	20. B	21. D	22. B	23. C	24. C	25. D	26. C	27. C
28. A	29. B	30. A	31. B	32. B	33. B	34. D	35. D	36. C
37. C	38. C	39. C	40. B	41. A	42. A	43. C	44. A	45. D
46. A	47. D	48. A	49. A	50. A	51. A	52. A	53. A	54. A
55. B	56. A	57. A	58. A	59. B	60. A	61. B	62. C	63. A
64. D	65. A	66. D	67. C	68. A	69. B	70. A	71. A	72. A
73. A	74. B	75. C	76. A	77. A	78. B	79. B	80. A	81. A
82. A	83. B	84. A	85. B	86. D	87. D	88. A	89. B	90. C
91. C	92. A	93. B	94. B	95. A	96. A	97. B	98. D	99. A
100. A	101. B	102. C	103. A	104. A	105. A	106. A	107. A	108. B
109. A	110. A	111. A	112. B	113. C	114. C	115. D	116. D	117. A
118. D	119. C	120. C	121. A	122. B	123. C	124. C	125. A	126. D
127. A	128. C	129. B	130. A	131. A	132. C	133. A	134. A	135. A

二、判断题

1. √	2. ×	3. √	4. √	5. √	6. √	7. √	8. ×	9. ×
10. √	11. √	12. √	13. √	14. √	15. √	16. √	17. √	18. √
19. √	20. √	21. √	22. ×	23. √	24. √	25. ×	26. √	27. √
28. ×	29. √	30. √	31. √	32. ×	33. √	34. ×	35. √	36. ×
37. √	38. √	39. √	40. √	41. ×	42. √	43. √	44. √	45. √

第4章 染　发

考 核 要 点

理论知识考核范围	考核要点	重要程度
材料选择	学习单元1　辨别不同材质的染发剂	
	1. 染发剂的种类认识	掌握
	2. 染发剂的识别方法	熟悉
	3. 染发剂的成分	掌握
	4. 染发的原理	掌握
	5. 不同型号染发剂的效应	掌握
	6. 注意事项	掌握
	学习单元2　选择染发剂	
	1. 顾客的发色	掌握
	2. 目标色的选择	熟悉
	3. 染发自然色系的识别知识	熟悉
	4. 观察顾客的发色	掌握
	5. 色彩的知识	掌握
	6. 色彩调配的方法	掌握
	7. 注意事项	熟悉
	学习单元3　选用不同型号的染膏与双氧乳	
	1. 染膏基本化学知识及物理知识	掌握
	2. 双氧乳（显色剂）的效用	掌握
	3. 色板的知识	掌握
	4. 染膏颜色代码知识	掌握

续表

理论知识考核范围	考核要点	重要程度
材料选择	5. 显色剂的知识	熟悉
	6. 不同染膏的作用	熟悉
	7. 显色剂的能力了解	掌握
	8. 注意事项	掌握
染发操作	学习单元 1　染发剂的调配	
	1. 不同部位的染发比例	掌握
	2. 发根染、同度染的染发比例	掌握
	3. 浅染深的染发比例	熟悉
	4. 染发工作准备	掌握
	5. 双氧乳与染膏比例	掌握
	6. 漂色的比例选择	掌握
	7. 注意事项	掌握
	学习单元 2　染膏涂抹操作	
	1. 色彩染发的基本流程	熟悉
	2. 深色度调整与色调调配运用方法	掌握
	3. 时髦色盖白发的方法	掌握
	4. 安全保护措施	熟悉
	学习单元 3　时髦色盖白发的操作	
	1. 操作准备	掌握
	2. 染发剂的调配与染发操作	掌握
	3. 注意事项	掌握
	学习单元 4　染后护理	
	1. 染后护理的目的	掌握
	2. 染后护理用品的认识	熟悉
	3. 染后护理的方法	掌握
	4. 根据不同发质选择护理方法	掌握
	5. 洗发时的护理	掌握
	6. 日常生活中的护理	熟悉
	7. 注意事项	掌握

重点复习提示

第1节　材料选择

学习单元1　辨别不同材质的染发剂

一、染发剂的种类认识

1. 非氧化染发剂

非氧化染发剂是一种不含氧化剂（显色剂）的染发产品，可分为临时性非氧化染发剂和非永久性非氧化染发剂两类。

2. 氧化染发剂

氧化染发剂是一种含有氧化剂（显色剂）的染发产品，可分为持久性半永久染发剂和永久性氧化染发剂两类。

二、染发剂的识别方法

1. 从保持时间识别

非氧化染发剂保持的时间比较短，氧化染发剂保持的时间相对较持久。

2. 从操作方法上识别

非氧化染发剂不需要加入双氧乳调配，可直接涂放在头发上；氧化染发剂需要配合双氧乳调和后涂放在头发上。

三、染发剂的成分

1. 非氧化染发剂

（1）临时性非氧化染发剂的主要成分。大的颜色分子，可覆盖在头发的表皮层。

（2）非永久性非氧化染发剂的主要成分。含有两种小颜色分子，可穿透头发表皮层进入皮质层，洗一次就会退去一部分颜色。

2. 氧化染发剂

（1）持久性半永久染发剂的主要成分。含有大小两种颜色分子。

（2）永久性氧化染发剂。含有小的颜色分子，进入皮质层后，分子便与头发结合在一起。

四、染发的原理

1. 临时性非氧化染发剂的原理

头发经洗后半湿，染发产品颗粒大的色素分子附着于头发表皮层鳞片之间。

2. 非永久性非氧化染发剂的原理

洗头后，擦干头发上的水分然后操作，产品色素分子较小，能渗透到表皮层鳞片里面。

3. 持久性半永久染发剂的原理

产品与低度的双氧乳配合使用，色素渗入皮质层，对自然色素影响较小。

4. 永久性氧化染发剂的原理

将染膏和双氧乳调配在一起（1∶1），首先是碱性的染膏分子将头发表皮层打开。双氧乳和染膏的人造色素颗粒随之渗透到头发的皮质层内部，双氧乳会将头发里的天然色素氧化。在染发的渗透阶段，其实就是人工色素分子和氧分子的渗透过程。

五、不同型号染发剂的效应

1. 临时性非氧化染发剂

遮盖白发0%；持久性：染发后一次洗发就会完全褪色。

2. 非永久性非氧化染发剂

遮盖白发0～30%；持久性：洗发时会逐渐褪色。

3. 持久性半永久染发剂

遮盖白发0～50%；持久性：洗发时一点也不会褪色。

4. 永久性氧化染发剂

遮盖白发0～100%；持久性：洗发时一点也不会褪色。

六、注意事项

1. 不同品牌染发剂的区分

色调的表达方式和双氧乳的配比不同。

2. 不同材质染发剂的特点

操作时，要熟悉每种染发剂的特点和它适用的范围，才能进行准确的操作。

学习单元2　选择染发剂

一、顾客的发色

1. 天然发

亚洲人的天然发一般从2到4度，呈现出不同程度的黑棕色。

2. 有过染发经历

原先有染发的头发，要先判断原先染过颜色的级别、色号以及染过头发的时间间隔，有没有染黑发的经历。

3. 有白发

有白发的头发要先判断白发的分布情况，白发和黑发的比例，以及之前有没有染黑发的经历。

二、目标色的选择

1. 直接在色板上选择颜色，通常情况下，在天然发染色的时候会比较多地采用。

2. 顾客自己有参照的图片，要求做图片上的颜色。这个时候，需要美发师先行判断图片上的颜色和色板上哪个颜色相类似。

3. 观察顾客原有的发色，是指顾客原来已经染过头发，需要补色或者换色。这个时候，美发师要拿出一束顾客原来染过的头发，和色板对比，找出相应的色号，为顾客操作染发。

三、染发自然色系的识别知识

自然色系又称为基色色系，代表头发的色度，即头发颜色的深浅度，在色板上，是用斜杠（或小数点）前的数字表示。头发由深到浅共分为10个色度。

四、观察顾客的发色

在操作染发的过程中，观察顾客的发色是非常重要的步骤。只有正确地判断顾客原有的发色，才能正确地为顾客选择合适的染膏和双氧乳。需要一个光线非常充足的环境，切忌在背光的地方观察顾客的发色。

1. 天然发的判断

取一束发束，然后将它放在色板的自然色系旁对比，依序判断和顾客头发相近的基色。

2. 有白发的判断

一般白发分布有集中分布和扩散分布两种。

五、色彩的知识

根据这一定义，色是一种物理刺激作用于人眼的视觉特性。色彩感觉不仅与物体本来的颜色特性有关，而且还受时间、空间、外表状态以及该物体的周围环境的影响，同时还受各人的经历、记忆力、看法和视觉灵敏度等各种因素的影响。

六、色彩调配的方法

色彩的调配，即色彩的混合，分为加法混合和减法混合。色彩还可以在进入视觉之后才发生混合，称为中性混合。用两种原色相混，产生的颜色为间色：

红色+蓝色=紫色

七、注意事项

1. 每个人都有其不同的特点，包括性格、品位、所处的环境、个人的喜好等。为顾客挑选颜色的时候，一定要注意询问清楚顾客最真实的想法以及顾客在工作中所处的环境。

2. 根据所选颜色的不同选择相应的染发剂及染发方法。

学习单元3　选用不同型号的染膏与双氧乳

一、染膏基本化学知识及物理知识

1. 化学知识

染膏的性能主要是由其含有的化学成分以及化学成分的作用来决定的。其含有：

(1) 氨。打开头发的外皮层，需要结合双氧水才能发挥各自的作用。

(2) 色素前体。本身是白色透明状的，当被氧化后会变成较大的粒子，停留在头发内。

(3) 稳定剂。保护、稳定染膏的配方。

2. 物理知识

通常来说，染发是一个化学反应的过程，但是其中也有通过物理操作的方式来帮助染发完成。在染发涂抹时，需要用横向涂抹的方式来操作涂抹染膏。

二、双氧乳（显色剂）的效用

1. 双氧乳是一种能够消除色素的物质。双氧乳中的氧可以氧化头发的表皮层，使其渗透到皮质层中，收紧拧紧头发。

2. 双氧乳在头发的皮质层内逐渐和人工色素分子结合氧化，直至色素充分地膨胀组合，留在头发的皮质层内。

三、色板的知识

1. 基色

基色是指没有加任何色调的天然色，它可以遮盖白发。

2. 时尚色

时尚色是指加上不同色调的色膏，它不能遮盖白发。

3. 工具色

工具色用来增加或减少色调中颜色的深浅度。

四、染膏颜色代码的知识

1. 基色的表示方法

一般产品标号中小数点后为0或没有小数点。

2. 时尚色代码知识

时尚色色调的标号有两种表示方法，例如：6.3或6/3。

五、显色剂的知识

1. 双氧乳

3%的双氧乳不能染浅头发，6%的双氧乳可以染浅1度颜色，9%的双氧乳可以染浅2度颜色，12%的双氧乳可以染浅3度颜色。

2. 双氧乳和色膏的运用

如果要将2度的头发做成5度颜色的话，就要先用能去掉4度色素的双氧乳。

六、不同染膏的作用

1. 基色膏

基色膏可用来给顾客染自然色系的颜色。

2. 提亮膏

提亮膏单独使用时，可以配合不同度数的双氧乳，在已染过的头发上染浅1~2度的级别。

3. 工具色

工具色又称为添加色。在色板上，有很多色调都有其相应的添加色。添加色起到增加或减弱现有色调的功能。

七、显色剂的能力了解

1. 膨胀作用（发芯内部破坏）。
2. 配合染膏带出天然色素。
3. 配合染膏沉淀人工色素。

八、注意事项

1. 染膏的鉴别。
2. 显色剂的鉴别。

第2节　染发操作

学习单元1　染发剂的调配

一、不同部位的染发比例

1. 发中发尾部分

在发中及发尾部分，染膏和双氧乳的比例为1:1。

2. 发根部分

发根所用的双氧乳要比发中和发尾处的选用低一个级别。

二、发根染、同度染的染发比例

1．发根染

染膏和双氧乳的配比为1∶1。

2．同度染

同度染是指在头发原有的色度基础上添加一些不同的色调，双氧乳选用6%。

三、浅染深的染发比例

浅染深是指加深顾客的原发色。

如果染深在2度以内，则选用目标色＋同度基色＋6%双氧乳，按照1∶1∶2的比例调配；如果染深在2度以上，则选用目标色＋比目标色低一个级别的基色＋6%双氧乳，按照1∶1∶1的比例调配。

四、染发工作准备

1．染发之前发质的判断

在操作染发前，要对顾客的发质进行判断。

2．确定染发目标色并选择染色方案

通过和顾客的沟通，在色板上选取沟通后所决定的目标色。

3．通过顾客对染发剂的过敏反应测试

先清洗耳后或手腕处皮肤，然后用棉签蘸取使用的配方，涂在皮肤上，保留24小时。如果皮肤发红、肿胀、起泡或呼吸急促，即为阳性，不能染发。

五、双氧乳与染膏比例

1．染膏∶双氧乳＝1∶1

这是最常用的配比，出现的颜色效果比较饱满、纯正，色调较为饱和。

2．染膏∶双氧乳＝1∶2

这是比较有技巧性的配比，出现的颜色效果较为通透，色调不饱和。

3．其他配比

不同品牌的染膏，有些会有其独特的配方。

六、漂色的比例选择

1．短发

可按1份漂粉＋2份双氧乳来调配。

2．长发

可按1份漂粉＋3份双氧乳来调配。

七、注意事项

1. 染发配方的有效时间

20～25 min 内完成染发剂的涂抹，可以有完美的效果。

2. 漂发注意的色素段

在操作漂发的时候，头发颜色会自然褪色。通常情况下，在1～4级别的时候头发呈红色，5～7级别时呈橙色。

学习单元2　染膏涂抹操作

一、色彩染发的基本流程

1. 皮肤测试。
2. 沟通目标色。
3. 调配染膏。
4. 操作染发。
5. 发束检查。
6. 冲洗。

二、深色度调整与色调调配运用方法

1. 深色度调整

深色度调整是指在顾客原有发色较深的情况下，重新选择较浅的色度为顾客染色。

2. 色调调配

色调调配是指改变顾客原有发色的色调。

三、时髦色盖白发的方法

白发较集中的情况下，可先染白发较多的部分，再进行全染操作。

四、安全保护措施

1. 在操作初染时，需要先对顾客进行皮肤测试。
2. 为顾客围好围布及披肩，戴好护耳套。

学习单元3　时髦色盖白发的操作

一、操作准备

为顾客围好围布及披肩，带好护耳套。

二、染发剂的调配与染发操作

1. 白发分布比较集中、白发发量比较多（> 50%）。
2. 白发分布集中、白发发量较少（< 50%）。
3. 白发分布分散、白发发量多（> 50%）。
4. 白发分布分散、白发发量少（< 50%）。

三、注意事项

1. 涂抹过程中的要点

在涂抹染发剂的时候，要仔细，发片不可以分得太厚。染发剂过少会造成染发剂渗透不足，颜色达不到所需要的效果；染发剂过多，则会造成头发被染发剂过度包裹，而使内部的染发剂无法充分氧化。

2. 试色的方法

擦拭发束上的染发剂，将发束置于操作者和光源之间，进行透光检查。通过对比现有发束所达到的色度级别和目标色，以确定颜色是否到位。

学习单元4 染 后 护 理

一、染后护理的目的

1. 保护头发

众所周知，在头发经过染发操作之后，表面的鳞状表层受到伤害，会逐渐脱落，造成头发干枯、分叉、没有光泽等不良的效果。所以，在染发后进行染后护理，可以很好地修护头发的鳞状表层，并且深层地滋润头发。

2. 维持颜色的持久性

在染发后，要定期做护色的护理，以保证颜色的持久性，令发色看起来更加饱满、鲜艳。

二、染后护理用品的认识

1. 染后护色焗油产品

通常情况下，这类产品属于不需要加热类的焗油护理，它的化学分子较小，能深入头发内部，并含有少量的色素粒了，能起到锁色护色的效果。

2. 染后洗发水和护发素

内含的阳离子配方也能令头发看起来更加富有光泽。

三、染后护理的方法

1. 染后护色焗油护理

在给顾客做完颜色之后，不用上护发素，直接按照操作护理的方法给顾客涂抹上染后护色焗油产品护理。即在上面覆盖一条毛巾，无须加热。等20 min之后冲水，然后吹风造型。

2. 染后洗发水和护发素

使用染后洗发水，要注意时间不能太久，3 min之后就可以清洗。

四、根据不同发质选择护理方法

在为顾客操作染后护理的时候，要注意客人的发质，并根据发质决定操作的方法。

五、洗发时的护理

洗发时，应注意使用专业的染后洗护系列产品为顾客洗发。专业的染后洗护系列产品中的洗发水为酸性洗发水，能温和地清洗头发并防止头发的鳞状表层过分张开而流失其中的人工色素。而专业染后洗护系列中的护发素含有胶原蛋白，能补充头发所流失的营养成分，并有效地收紧头发的鳞状表层，锁紧颜色。如果配合使用，可以达到有效延长头发颜色保持时间的作用。

六、日常生活中的护理

顾客在日常生活中所使用的护发产品有免冲洗护发素、家用护理套装、家用倒膜等。

这类护理通常是顾客在家中洗发之后，将产品涂抹在头发上，然后用热毛巾或者焗油帽包在头发上，起到护理的效果。注意免冲洗的护发素是不需要加热与冲洗的。

七、注意事项

1. 护理的周期

染后护理一般建议在染发项目结束之后就要做一次，之后每3周左右做一次以巩固染发的效果。

2. 染后护理的重要性

众所周知，经常染发会对头发产生刺激，并造成头发干枯、开叉、断裂，所以要经常做染后护理。染发后若不注意护理和保养，也会对头发产生影响。

辅导练习题

一、单项选择题（下列每题有4个选项，其中只有1个是正确的，请将其代号填写在横线空白处）

1. 非氧化染发剂是一种不含________（显色剂）的染发产品。

A. 氧化剂　　B. 氯化钠　　C. 氧化钾　　D. 氟利昂

2. 非氧化染发剂可分为________非氧化染发剂和非永久性非氧化染发剂。

A. 临时性　　B. 永久性　　C. 油漆型　　D. 喷雾型

3. 氧化染发剂是一种含有________（显色剂）的染发产品。

A. 氧化剂　　B. 氯化钠　　C. 氧化钾　　D. 氟利昂

4. 从保持时间识别：非氧化染发剂保持的时间________。

A. 比较短　　B. 比较长　　C. 很短　　D. 中等

5. 从操作方法上识别：非氧化染发剂________加入双氧乳调配。

A. 需要　　B. 不需要　　C. 可以　　D. 不可以

6. 氧化染发剂________配合双氧乳调和后才可以使用。

A. 需要　　B. 不需要　　C. 可以　　D. 不可以

7. 临时性非氧化染发剂的主要成分：为大的颜色分子，可覆盖在头发的________。

A. 皮质层　　B. 髓质层　　C. 表皮层　　D. 深层

8. 永久性氧化染发剂的主要成分：含有小的颜色分子，进入________后，分子便与头发结合在一起。

A. 皮质层　　B. 髓质层　　C. 表层　　D. 深层

9. 持久性半永久染发剂的主要成分：含有大小两种________分子。

A. 染发　　B. 氧化　　C. 颜色　　D. 显色

10. 临时性非氧化染发剂在头发洗完________时，染发产品颗粒大的色素分子附着于头发表皮层鳞片之间。

A. 半干　　B. 半湿　　C. 吹干　　D. 全干

11. 非永久性非氧化染发剂在洗完头，擦干头发上的水分时，产品色素分子较小，能渗透到________鳞片里面。

A. 髓质层　　B. 毛鳞片　　C. 表皮层　　D. 皮质层

12. 非永久性染发产品色素分子________，能渗透到表皮层鳞片里面，进入皮质层外层，对有些发质（如抗拒性发质）则要加热。

A. 非常小　　B. 很大　　C. 较大　　D. 较小

13. 持久性半永久染发剂的产品与低度的双氧乳配合使用，色素渗入皮质层，对自然色素影响________，使颜色加深或保持原有颜色。

A. 非常小　　B. 很大　　C. 较大　　D. 较小

14. 永久性氧化染发剂是将染膏和双氧乳调配在一起（1:1），________的染膏分子将头发表皮层打开。

A. 碱性　　B. 酸性　　C. 强酸性　　D. 强碱性

15. 永久性氧化染发剂的原理：双氧乳和染膏的人造色素颗粒渗透到头发的皮质层内部，双氧乳会将头发里的天然色素________。

A. 乳化　　B. 氧化　　C. 雾化　　D. 融化

16. 临时性非氧化染发剂：遮盖白发________；持久性：染发后一次洗发就会完全褪色。

A. 0%　　B. 10%　　C. 20%　　D. 50%

17. 非永久性非氧化染发剂：遮盖白发________；持久性：洗发时会逐渐褪色。

A. 50%~60%　　B. 0~30%　　C. 5%~10%　　D. 10%~50%

18. 持久性半永久染发剂：遮盖白发________；持久性：洗发时一点也不会褪色。

A. 30%~70%　　B. 10%~50%　　C. 0~50%　　D. 40%~50%

19. 色调的表达方式不同是不同品牌染发剂的区别________。

A. 之一　　B. 重点　　C. 主要特点　　D. 重要因素

20. 双氧乳的________不同：有些品牌在配制的过程中运用了特殊的配方。

A. 强度　　B. 配比　　C. 浓度　　D. 颜色

21. 具体操作的时候要先熟悉染发剂中染膏和双氧乳的________，以达到准确调配的目的。

A. 强度　　B. 配比　　C. 浓度　　D. 颜色

22. 18%的双氧乳可染浅________颜色。

A. 3度　　B. 5度　　C. 7度　　D. 10度

23. 染浅头发度数如超过________，就要先漂浅发色，再做染发。

A. 1度　　B. 3度　　C. 5度　　D. 10度

24. 一般漂长发时，漂粉:双氧乳 = ________。

A. 1:1　　B. 1:3　　C. 1:5　　D. 1:7

25. 亚洲人的天然发一般从________度，呈现出不同程度的黑棕色。

A. 1~3　　B. 3~4　　C. 2~4　　D. 4~5

26. 原先有染发的头发，要先判断原先染过颜色的级别、色号以及染过头发的时间间隔，有没有________发的经历。

A. 染黄　　B. 染红　　C. 染白　　D. 染黑

27. 有白发的头发，要先判断白发的分布情况，白发和黑发的比例，以及之前有没有________发的经历。

A. 染黄　　B. 染红　　C. 染白　　D. 染黑

28. 直接在________上选择颜色，通常情况下，在天然发染色的时候会比较多地采用。

A. 染膏　　B. 色板　　C. 头发　　D. 目标

29. 顾客要求做图片上的颜色，美发师先行判断图片上的颜色和色板上哪个颜色________。

A. 相类似　　B. 一样　　C. 不一样　　D. 相同

30. 顾客原来已经染过头发，需要________时，美发师要拿出一束顾客原来染过的头发，和色板对比，找出相应的色号。

A. 重染　　B. 补色　　C. 修复　　D. 染黑

31. 自然色系又称为________色系，代表头发的色度。

A. 基色　　B. 本色　　C. 浅色　　D. 深色

32. 头发由深到浅共分为________个色度。

A. 5　　B. 8　　C. 9　　D. 10

33. 头发颜色的________，在色板上，是用斜杠（或小数点）前的数字表示。

A. 色相　　B. 色度　　C. 深浅度　　D. 色调

34. 在操作染发的过程中，观察顾客的________是非常重要的步骤。

A. 头发　　B. 发色　　C. 染料　　D. 染膏品牌

35. 只有正确地判断顾客原有的________，才能正确地为顾客选择正确的染膏和双氧乳。

A. 头发　　B. 发色　　C. 染料　　D. 染膏品牌

36. 美发师需要一个________非常充足的环境来观察顾客的发色。

A. 光线　　B. 场地　　C. 设备　　D. 发型师

37. 对于未染过发的天然发顾客，可取其一束发束，将它放在色板的自然色系旁对比，依序判断和顾客头发相近的________。

A. 色调　　B. 头发　　C. 基色　　D. 颜色

38. 染过的头发需要先判断________的颜色色度。

A. 头皮　　B. 发根　　C. 头发　　D. 染过

39. 白发分布有________分布和扩散分布两种。

A. 集中　　B. 聚拢　　C. 散落　　D. 前后

40. ________分为大自然色彩和人工色料。

A. 色彩　　B. 染膏　　C. 双氧乳　　D. 发胶

41. 色是一种物理刺激作用于人眼的________特性。

A. 视觉　　B. 痛苦　　C. 可怕　　D. 感觉

42. 色彩________不仅与物体本来的颜色特性有关，而且还受时间、空间、外表状态以及该物体的周围环境的影响。

A. 感觉　　B. 特点　　C. 色调　　D. 形状

43. 红色＋蓝色＝________。

A. 红色　B. 黄色　C. 紫色　D. 绿色

44. ________的调配，即色彩的混合，分为加法混合和减法混合。

A. 色彩　B. 染膏　C. 双氧乳　D. 发胶

45. ________还可以在进入视觉之后才发生混合，称为中性混合。

A. 色彩　B. 染膏　C. 双氧乳　D. 发胶

46. 每个人不同的________，包括性格、品位、所处的环境等都会影响个人的颜色喜好。

A. 感觉　B. 特点　C. 长相　D. 穿着

47. 为顾客挑选颜色的时候，一定要注意询问清楚顾客最________的想法。

A. 喜欢　B. 真实　C. 虚伪　D. 梦幻

48. 根据所选颜色的不同选择相应的________及染发方法。

A. 染发剂　B. 头发　C. 品牌　D. 工具

49. ________的性能主要是由其含有的化学成分以及化学成分的作用来决定的。

A. 颜色　B. 染膏　C. 发胶　D. 烫发水

50. ________需要结合双氧水才能发挥各自的作用。

A. 氨　B. 氢　C. 氧　D. 氯

51. 稳定剂能保护、稳定染膏的________。

A. 材料　B. 配方　C. 颜色　D. 需要

52. 在染发涂抹时，需要用________涂抹的方式来操作涂抹染膏。

A. 前后　B. 横向　C. 竖向　D. 垂直

53. 染发时通过________的方式，同样可以加速鳞状表层的打开以及加快染发的时间等。

A. 冷却　B. 横向涂抹　C. 竖向涂抹　D. 加热

54. 通常来说，染发是一个________的过程，但是其中也有通过物理操作的方式来帮助染发完成。

A. 化学反应　B. 物理反应

C. 中和反应　D. 氧化反应

55. 双氧乳是一种能够消除________的物质。

A. 色系　B. 色相　C. 色素　D. 色调

56. 双氧乳中的________可以氧化头发的表皮层，使其渗透到皮质层中。

A. 氯　B. 氨　C. 氧　D. 钛

57. 双氧乳在头发的皮质层内逐渐和人工色素分子________氧化。

A. 分离　B. 结合　C. 爆炸　D. 溶解

58. 基色是指没有加任何色调的天然色，它可以遮盖________。

A. 白发　B. 黑发　C. 红发　D. 黄发

59. 时尚色是指加上不同色调的色膏，它不能遮盖________。

A. 白发　B. 黑发　C. 红发　D. 黄发

60. ________用来增加或减少色调中颜色的深浅度。

A. 色调　B. 色彩　C. 色相　D. 工具色

61. ________的表示方法：一般产品标号中小数点后为 0 或没有小数点。

A. 颜色　B. 基色　C. 棕色　D. 红色

62. 3——色度中的中棕色，“——”代表________号，分出左右的色度和色调。

A. 分开　B. 区分　C. 色调　D. 颜色

63. ________色色调的标号有两种表示方法，例如：6. 3 或 6/3。

A. 时尚　B. 黑　C. 黄　D. 红

64. ________有 3%、6%、9%、12% 几种。

A. 双氧乳　B. 染膏　C. 染发水　D. 染膏比例

65. 3% 的双氧乳________染浅头发，6% 的双氧乳可以染浅 1 度颜色。

A. 能　B. 不能　C. 是　D. 氧化

66. 9% 的双氧乳可以染浅________颜色，12% 的双氧乳可以染浅 3 度颜色。

A. 4 度　B. 5 度　C. 2 度　D. 3 度

67. 一般情况下，双氧乳与染膏的比例是________。

A. 1∶7　B. 1∶2　C. 1∶1　D. 1∶3

68. 头发由浅染向深，只要做 1 度或 2 度的深色，可用________双氧乳 + 1 度或 2 度染膏调和。

A. 6%　B. 9%　C. 12%　D. 3%

69. 如果要将 2 度的头发做成 5 度颜色的话，就要先用能去掉________色素的双氧乳。

A. 3 度　B. 4 度　C. 5 度　D. 7 度

70. ________膏可用来给顾客染自然色系的颜色。

A. 亮色　B. 基色　C. 色卡　D. 色调

71. 提亮膏单独使用时，可以配合不同度数的________，在已染过的头发上染浅 1 ~ 2 度的级别。

A. 洗发水　B. 护发素　C. 双氧乳　D. 染膏

72. 工具色又称为________。在色板上，有很多色调都有其相应的添加色。

A. 添加色　　B. 彩色　　C. 时尚色　　D. 基色

73. 显色剂配合染膏带出________色素。

A. 人工　　B. 天然　　C. 残留　　D. 外部

74. 显色剂配合染膏沉淀________色素。

A. 人工　　B. 天然　　C. 残留　　D. 外部

75. 显色剂具有________作用（发芯内部破坏）。

A. 破坏　　B. 染浅　　C. 膨胀　　D. 显色

76. 在发中及发尾部分，染膏和双氧乳的比例为________。

A. 1:1　　B. 1:2　　C. 1:1.5　　D. 1:3

77. 发根所用的双氧乳要比发中和发尾处的选用________级别。

A. 高一个　　B. 同一个　　C. 低一个　　D. 高两个

78. 单独操作发根染的时候，要注意判断________的级别。

A. 发色　　B. 原发色　　C. 染后发色　　D. 发尾发色

79. 浅染深是指________顾客的原发色。

A. 加深　　B. 染浅　　C. 漂浅　　D. 染黑

80. 如果染深在________度以内，则选用目标色 + 同度基色 +6% 双氧乳，按照 1:1:2 的比例调配。

A. 5　　B. 4　　C. 3　　D. 2

81. 如果染深在________度以上，则选用目标色 + 比目标色低一个级别的基色 +6% 双氧乳，按照 1:1:1 的比例调配。

A. 5　　B. 4　　C. 3　　D. 2

82. 在操作染发前，要对顾客的________进行判断。

A. 颜色　　B. 发质　　C. 脸型　　D. 头型

83. 染发前通过和顾客的________，在色板上选取沟通后所决定的目标色。

A. 切磋　　B. 沟通　　C. 理解　　D. 原谅

84. 染发前先清洗耳后或手腕处皮肤，进行________测试。

A. 过敏　　B. 颜色　　C. 漂浅　　D. 染黑

85. 染膏: 双氧乳 = 1:1，这是最________的配比，出现的颜色效果较为饱满，色调较为饱和。

A. 常用　　B. 不常用　　C. 特殊　　D. 特别

86. 染膏: 双氧乳 =1:2，这是比较________的配比，出现的颜色效果较为通透，色调不饱和。

A. 常用　　B. 不常用　　C. 特殊　　D. 有技巧性

87. 不同品牌的染膏，有些会有其________的配方。

A. 常用　　B. 不常用　　C. 独特　　D. 技巧性

88. ________ min 内完成染发剂的涂抹，可以有完美的效果。

A. 20 ~ 25　　B. 35 ~ 45　　C. 30 ~ 45　　D. 20 ~ 35

89. 在操作________的时候，头发颜色会自然褪色。

A. 漂发　　B. 染浅　　C. 染发　　D. 吹风

90. 通常情况下，在漂发 1 ~ 4 级别的时候头发呈________。

A. 绿色　　B. 黄色　　C. 橙色　　D. 红色

91. 染发前第一步，美发师要对顾客进行________测试。

A. 染膏　　B. 双氧　　C. 皮肤　　D. 头发

92. 根据选定好的________进行染膏调配。

A. 颜色　　B. 目标色　　C. 染后色　　D. 原色

93. 染发过程中，要进行发束的颜色________。

A. 鉴定　　B. 检查　　C. 检验　　D. 验证

94. 深色度调整是指在顾客原有发色________的情况下，重新选择较浅的色度为顾客染色。

A. 没有　　B. 较深　　C. 较浅　　D. 鲜艳

95. 色调调配是指改变顾客原有发色的________。

A. 深度　　B. 色彩　　C. 色度　　D. 色调

96. 染发时通过工具色的运用，增加或减少原有的________。

A. 深度　　B. 色彩　　C. 色度　　D. 色调

97. 染发操作前为顾客围好围布及披肩，带好护________。

A. 耳套　　B. 手套　　C. 头套　　D. 肩套

98. 调配染发剂时，发根处一般选用强度为________的双氧乳。

A. 6%　　B. 9%　　C. 12%　　D. 3%

99. 调配染发剂时，________处可以选用强度为 6% 的双氧乳。

A. 发尾　　B. 发根　　C. 发中　　D. 头皮

100. 在操作初染时，需要先对顾客进行________测试。

A. 皮肤　　B. 染发　　C. 发尾　　D. 发根

101. 染发前先和顾客做好沟通，然后选定所需要的染膏以及________。

A. 基色　　B. 工具色　　C. 色调　　D. 双氧乳

102. 每片发片的厚度为0.75～1 cm。在离发根________cm处开始涂抹染发剂。

A. 2.5　　B. 4　　C. 2　　D. 3

103. 发尾处底色比发中颜色浅的时候，要使用比________低一级别的双氧乳调配染发剂。

A. 发中　　B. 发尾　　C. 发根　　D. 刘海

104. 发尾处底色比发中颜色深的时候，要使用比________高一级别的双氧乳调配染发剂。

A. 发中　　B. 发尾　　C. 发根　　D. 刘海

105. 补色时发尾不需要重新调配颜色，只需将原有的剩余染膏加________调配。

A. 染膏　　B. 双氧乳　　C. 水　　D. 基色

106. 染发冲洗前需要在头发上用少量的________轻轻揉搓，使发色更为均匀，并乳化3 min左右。

A. 染膏　　B. 双氧乳　　C. 水　　D. 洗发水

107. ________要用专业护色洗护系列为顾客清洗头发。

A. 烫发后　　B. 护理后　　C. 染发后　　D. 拉直后

108. 染后洗发时不需要用洗发水洗头，只需冲干净后用________就可以。

A. 护发素　　B. 发油　　C. 发蜡　　D. 保湿水

109. 深色度调整是指在顾客原有发色较深的情况下，重新选择________的色度为顾客染色。

A. 没有　　B. 较深　　C. 较浅　　D. 鲜艳

110. ________调配是指改变顾客原有发色的色调。

A. 深度　　B. 色彩　　C. 色度　　D. 色调

111. 染发时通过________的运用，增加或减少原有的色调。

A. 工具色　　B. 色彩　　C. 色度　　D. 色调

112. 染发操作前为顾客围好围布及________，带好护耳套。

A. 耳套　　B. 手套　　C. 头套　　D. 披肩

113. 调配染发剂，浅染深时一般选用强度为________的双氧乳。

A. 6%　　B. 9%　　C. 12%　　D. 3%

114. 染发时，________处一般可以选用强度为6%的双氧乳。

A. 发尾　　B. 发根　　C. 发中　　D. 头皮

115. ________的护发素是不需要加热与冲洗的。

A. 滋润　　B. 修复　　C. 免冲洗　　D. 护色

116. 将________涂抹在头发上，然后用热毛巾或者焗油帽包在头发上，起到护理的效果。

A. 洗发水　　B. 染膏　　C. 护发素　　D. 精华素

117. 染后护理一般建议在染发项目结束之后________就要做一次。

A. 1 周　　B. 3 天　　C. 立即　　D. 1 天

118. 在涂抹染发剂的时候，要仔细，发片不可以分得________。

A. 太薄　　B. 太厚　　C. 太宽　　D. 太窄

119. 染发剂________会造成染发剂渗透不足，颜色达不到所需要的效果。

A. 过少　　B. 过多　　C. 过厚　　D. 过薄

120. 染发剂________则会造成头发被染发剂过度包裹，而使内部的染发剂无法充分氧化。

A. 过少　　B. 过多　　C. 过厚　　D. 过薄

121. 染发在盖白发的时候，________时要先检查有白发的部位。

A. 试色　　B. 洗发　　C. 护发　　D. 剪发

122. 试色时擦去发束上的染发剂，将________置于操作者和光源之间，进行透光检查。

A. 染膏　　B. 发束　　C. 头皮　　D. 刷子

123. 通过对比现有发束所达到的色度级别和________，以确定颜色是否到位。

A. 色调　　B. 色差　　C. 目标色　　D. 色度

124. 头发经过染发操作之后，表面的________表层受到伤害，造成头发干枯、分叉、没有光泽等不良的效果。

A. 鳞状　　B. 网状　　C. 丝状　　D. 链状

125. 在染发后进行染后护理，可以很好地修护头发的________表层，并且深层地滋润头发。

A. 鳞状　　B. 网状　　C. 丝状　　D. 链状

126. 在染发后，要定期做护色的护理，以保证颜色的________性，令发色看起来更加饱满、鲜艳。

A. 短暂　　B. 持久　　C. 永久　　D. 临时

127. 通常情况下，染后护色焗油产品属于不需要________类的焗油护理。

A. 加热　　B. 涂抹　　C. 冷却　　D. 冲洗

128. 染后护色焗油护理产品的化学分子较小，能深入头发内部，能起到________护色的效果。

A. 护理　　B. 锁色　　C. 修复　　D. 滋润

129. 染后洗发水和护发素内含的________配方也能令头发看起来更加富有光泽。

A. 修复因子　B. 锁色因子　C. 阴离子　D. 阳离子

130. 染后护色焗油护理，即在给顾客做完颜色之后，不用上________，直接用护理的方法给顾客涂抹上染后护色焗油产品护理。

A. 洗发水　B. 护发素　C. 发油　D. 毛鳞片

131. 使用染后洗发水，要注意时间不能太久，________min之后就可以清洗。

A. 10　B. 8　C. 3　D. 5

132. 染后护色焗油护理，无须加热。等________min之后冲水，然后吹风造型。

A. 10　B. 20　C. 30　D. 40

133. 染发完成后，要用________洗发水进行清洗。

A. 酸性　B. 碱性　C. 中性　D. 强碱性

134. 一般染后的头发________长期暴晒。

A. 不宜　B. 宜　C. 可　D. 应该

135. 一般在护理时，________增加头皮按摩。

A. 不可以　B. 无须　C. 可以　D. 没必要

136. 专业的染后洗护能温和地清洗头发并防止头发的鳞状表层过分张开而流失其中的________。

A. 蛋白质　B. 人工色素

C. 天然色素　D. 养分

137. 专业染后洗护系列中的护发素含有________，能补充头发所流失的营养成分。

A. 护色剂　B. 锁色剂　C. 胶原蛋白　D. 蛋白质

138. 专业染后洗护系列中的护发素含有胶原蛋白，有效延长头发________的保持时间。

A. 颜色　B. 蛋白质　C. 色素　D. 氨基酸

139. 日常生活中所使用的________产品有免冲洗护发素、家用护理套装、家用倒膜等。

A. 护发　B. 洗发　C. 护理　D. 精华素

140. 染后护理每________左右做一次以巩固染发的效果。

A. 1周　B. 2周　C. 3周　D. 5周

141. 经常________会对头发产生刺激，并造成头发干枯、开叉、断裂，所以要经常做染后护理。

A. 染发　B. 护发　C. 烫发　D. 拉直

二、判断题（下列判断正确的请在括号内打“√”，错误的请在括号内打“×”）

1. 氧化染发剂是一种不含有氧化剂（显色剂）的染发产品。（　）

2. 氧化染发剂保持的时间相对较持久。（　）

3. 非永久性非氧化染发剂的主要成分：含有两种小颜色分子，可穿透头发表皮层进入皮质层。（　）

4. 临时性非氧化染发剂在头发半湿时，染发产品颗粒大的色素分子附着于头发表皮层鳞片之间，头发干后，表皮收紧，留住颜色。（　）

5. 在染发的渗透阶段，其实就是人工色素分子和氧分子的渗透过程。（　）

6. 永久性氧化染发剂：遮盖白发 0～100%；持久性：洗发时一点也不会褪色。（　）

7. 不同品牌染发剂的区别仅在于色调的表达方式不同。（　）

8. 染发中，漂浅的度数不同，所用双氧乳的浓度相同。（　）

9. 亚洲人的天然发一般从 2 到 4，呈现出不同程度的黑棕色。（　）

10. 直接在色板上选择颜色，通常情况下，在天然发染色的时候会比较多地采用。（　）

11. 自然色系又称为基色色系，代表头发的色度。（　）

12. 在操作染发的过程中，观察顾客的发色是不重要的步骤。（　）

13. 白发分布只有集中分布一种。（　）

14. 人的经历、记忆力、看法和视觉灵敏度等各种因素影响色彩感觉。（　）

15. 用两种原色相混，产生的颜色为副色。（　）

16. 为顾客挑选颜色的时候，一定要注意询问清楚顾客最真实的想法。（　）

17. 色素前体：本身是白色透明状的，当被氧化后会变成较大的粒子，停留在头发内。（　）

18. 通常来说，染发是一个化学反应的过程，但是其中也有通过物理操作的方式来帮助染发完成。（　）

19. 双氧乳在头发的皮质层内逐渐和人工色素分子结合氧化，直至色素充分地膨胀组合，留在头发的皮质层内。（　）

20. 工具色用来增加或减少色调中颜色的深浅度。（　）

21. 时尚色色调的标号有三种表示方法。（　）

22. 一般情况下，3% 和 6% 的双氧乳都是用来直接和染膏调和上色的。（　）

23. 如果要将 2 度的头发做成 5 度颜色的话，就要先用能去掉 4 度色素的双氧乳。（　）

24. 添加色起到增加或减弱现有色素的功能。（　）

25. 显色剂配合染膏带出天然色素。（　）

26. 同度染是指在头发原有的色度基础上添加一些不同的色调，双氧乳选用6%。（ ）

27. 如果染深在2度以上，则选用目标色+比目标色低一个级别的基色+6%双氧乳，按照1:1:2的比例调配。（ ）

28. 过敏测试后，如果皮肤发红、肿胀、起泡或呼吸急促，即为阳性，可以染发。（ ）

29. 不同品牌的染膏，有些会有其独特的配方。（ ）

30. 通常情况下，漂发在1~4级别的时候头发呈红色，5~7级别时呈橙色。（ ）

31. 染发前第一步，美发师要对顾客进行皮肤测试。（ ）

32. 白发较集中的情况下，可先染白发较多的部分，再进行全染操作。（ ）

33. 染发操作前为顾客围好围布及披肩，戴好护耳套。（ ）

34. 每片发片的厚度为0.75~1 cm。在离发根2 cm处开始涂抹染发剂。（ ）

35. 发尾处底色比发中颜色浅的时候，要使用比发中低一级别的双氧乳调配染发剂。（ ）

36. 染发后要用专业染后护色洗护系列为顾客清洗头发。（ ）

37. 白发较集中的情况下，可先染黑发较多的部分，再进行全染操作。（ ）

38. 染发操作前不需要为顾客围好围布及披肩，戴好护耳套。（ ）

39. 发尾处底色比发中颜色深的时候，要使用比发中低一级别的双氧乳调配染发剂。（ ）

40. 染发剂过多，则会造成头发被染发剂过度包裹，而使内部的染发剂无法充分氧化。（ ）

41. 染发在盖白发的时候，试色时要先检查有白发的部位。（ ）

42. 在染发后，要定期做护色的护理，以保证颜色的临时性，令发色看起来更加饱满、鲜艳。（ ）

43. 在染发后，要定期做护色的护理，以保证颜色的持久性，令发色看起来更加饱满、鲜艳。（ ）

44. 使用染后洗发水，要注意时间不能太久，10 min之后就可以清洗。（ ）

45. 染后护理可以防止色素的流失，减少色差。（ ）

46. 染后洗发时，应注意使用专业的染后洗护系列产品为顾客洗发。（ ）

47. 免冲洗的护发素是不需要加热与冲洗的。（ ）

48. 经常染发会对头发产生刺激，并造成头发干枯、开叉、断裂，所以要经常做染后护理。（ ）

参考答案

一、单项选择题

1. A　2. A　3. A　4. A　5. B　6. A　7. C　8. A　9. C
10. B　11. C　12. D　13. D　14. A　15. B　16. A　17. B　18. C
19. A　20. B　21. B　22. B　23. C　24. B　25. C　26. D　27. D
28. B　29. A　30. B　31. A　32. D　33. C　34. B　35. B　36. A
37. C　38. D　39. A　40. A　41. A　42. A　43. C　44. A　45. A
46. B　47. B　48. A　49. B　50. A　51. B　52. B　53. D　54. A
55. C　56. C　57. B　58. A　59. A　60. D　61. B　62. B　63. A
64. A　65. B　66. C　67. C　68. D　69. B　70. B　71. C　72. A
73. B　74. A　75. C　76. A　77. C　78. B　79. A　80. D　81. D
82. B　83. B　84. A　85. A　86. D　87. C　88. A　89. A　90. D
91. C　92. B　93. B　94. B　95. D　96. D　97. A　98. A　99. B
100. A　101. D　102. C　103. A　104. A　105. C　106. C　107. C　108. A
109. C　110. D　111. A　112. D　113. D　114. B　115. C　116. C　117. C
118. B　119. A　120. B　121. A　122. B　123. C　124. A　125. A　126. B
127. A　128. B　129. D　130. B　131. C　132. B　133. A　134. A　135. C
136. B　137. C　138. A　139. A　140. C　141. A

二、判断题

1. ×　2. √　3. √　4. √　5. √　6. √　7. ×　8. ×　9. √
10. √　11. √　12. ×　13. ×　14. √　15. ×　16. √　17. √　18. √
19. √　20. √　21. ×　22. √　23. √　24. ×　25. √　26. √　27. ×
28. ×　29. √　30. √　31. √　32. √　33. √　34. √　35. √　36. √
37. ×　38. ×　39. ×　40. √　41. √　42. ×　43. √　44. ×　45. √
46. √　47. √　48. √

第5章　接　　发

考 核 要 点

理论知识考核范围	考核要点	重要程度
选材	学习单元　材料的鉴别	
	1. 不同接发材料的认识	掌握
	2. 不同材料的使用方法及选配	熟悉
	3. 了解顾客的发质及发色	掌握
	4. 了解顾客对发型的需求，选择合适的接发材料	掌握
	5. 不同假发的作用及认识	掌握
	6. 注意事项	掌握
接发操作	学习单元1　进行多种方法接发操作	
	1. 接发的种类知识	熟悉
	2. 接发工具的知识	掌握
	3. 接发的操作方法	掌握
	4. 接发种类的选择	掌握
	5. 接发工具的准备	掌握
	6. 接发的步骤	熟悉
	7. 真假发的衔接	熟悉
	学习单元2　检查接发效果	
	1. 接发效果的检查方法	掌握
	2. 不同失误的补救措施	掌握
	3. 接发问题的鉴别	掌握

续表

理论知识考核范围	考核要点	重要程度
接发操作	4. 接发不同问题的原因	熟悉
	5. 接发的调整方法	掌握
	6. 补救措施	掌握
	7. 注意事项	掌握

重点复习提示

第1节 选 材

学习单元 材料的鉴别

一、不同接发材料的认识

1. 按照制造工艺区分

可分为机制假发和手工假发两种。所用材料为化学纤维丝和人发两种，纤维以 PVC 和 PET 材料为主。

2. 按照添加的阻燃剂区分

可分为阻燃丝和不阻燃丝两种。

二、不同材料的使用方法及选配

假发按用途选配，可分为配件发、发片、发头套、接发等。

三、了解顾客的发质及发色

1. 对顾客的发质进行判断，可通过观察和触摸来确定顾客的头发是哪种，如健康发、细软发、粗硬发、受损发等。

2. 观察顾客原有的发色，可分为天然发（亚洲人的天然发一般是 2～4 度）、已染过头发（判断染过颜色的级别、色号以及染过头发的时间等），可以更准确地选择假发的颜色。

四、了解顾客对发型的需求，选择合适的接发材料

1. 发头套适合整体改变发型的顾客选用。

2. 发片接发适合瞬间增加发量和改变发型的顾客选用。

3. 发束接发适合较长期改变发型的顾客选用。

五、注意事项

1. 根据顾客需求选择假发。
2. 根据实际情况选用假发。
3. 避免发色的偏差。
4. 注意选择假发的材质。

第2节　接 发 操 作

学习单元1　进行多种方法接发操作

一、接发的种类知识

1. 接发就是把头发接到自己的真头发上，瞬间达到从短发到长发的转变。
2. 接发可以满足那些想把短发变长、变厚，长发不需焗彩色油就可达到挑染效果的年轻人。
3. 接发由专业的发型师来完成。发质分为真发与纤维丝两种。
4. 接发的种类有三种：胶粘、扣合、编织。

二、接发工具的知识

1. 胶粘接发的工具有胶枪、胶条、剪刀、电夹板、专用洗发水等。
2. 扣合接发的工具有专用扣子、钩针、尖头钳、剪刀、梳子等。
3. 编织接发的工具有专用水晶丝线、剪刀、固定夹、喷水壶等。

三、接发的操作方法

1. 胶粘接发是先将接发使用的头发分成小缕，然后使用胶枪加热胶条后，抹在一小缕头发的根部。

2. 扣合接发是把头发分成小缕，用特制的扣子将要接的长发固定连接在真发的发根处。

3. 编织接发是将发束编入真发之中，用专用水晶丝线固定扎结。

四、接发种类的选择

1. 编辫接发

保持时间：4～10个月。

优点：相当结实、自然。如果不是人为扯断，接上去的头发几乎不会掉落。

缺点：衔接处有些厚，不容易清洗。因编发接近发根，头皮和接头的部分就不太容易清洗，也容易残留油脂和头屑，不易梳理。辫接较扣接更耗时费力。

2. 卡扣接发

保持时间：3～4个月。

优点：透气性好，也较轻盈，发缕间很通透，接发量多也不会感觉闷热。

3. 发片接发

优点：节时省力，非常方便，还可重复利用，不浪费。

4. 挑染接发

优点：个性，有创意。选择接发颜色范围广，变装更容易，变化余地很大。

五、接发工具的准备

1. 编辫接发。
2. 卡扣接发。
3. 发片接发。
4. 挑染接发。

六、接发的步骤

1. 首先将头发分成V字形。
2. 待全部头发接完后，根据发型设计略加修剪。
3. 接出来的头发可随意烫发、染色和进行营养护理。

七、真假发的衔接

1. 卡扣接发的方式

用小卡扣将一缕缕真假发扣接在一起，用钳子捏扁固定。

2. 发片接发的方式

将长串发片一排排地固定在头发上，用卡扣或者自带的卡子固定。

3. 挑染接发的方式

用彩色发束接出挑染效果。

学习单元2　检查接发效果

一、接发效果的检查方法

1. 卡扣接发的效果检查方法主要是扣接的牢固度、平整度与自然度。
2. 编辫接发的效果检查方法主要是辫子的紧实度、平齐度与自然度。
3. 发片接发的效果检查方法主要是卡子的紧固度、平滑度与自然度。

二、不同失误的补救措施

1. 卡扣接发失误的补救措施是取下扣子重新接发。
2. 编辫接发失误的补救措施是解开辫子重新接发。

3. 发片接发失误的补救措施是取下卡子重新接发。

三、接发问题的鉴别

接发衔接处的牢度出问题一般是接发较松易掉。

四、接发不同问题的原因

1. 接发衔接处不牢、不紧、不实的问题原因是操作不当。
2. 接发衔接处不服帖的问题原因是操作角度过高。

五、接发的调整方法

1. 调整发型自然度的方法是均衡接发量的对称性。
2. 调整衔接处牢度的方法是均衡接发时的力度感。
3. 调整衔接处服帖度的方法是均衡接发时的角度。

六、补救措施

均衡接发时角度的补救措施是尽量放低对发束的控制角度。

七、注意事项

1. 接发后的护理

（1）每天梳理头发用的梳子必须为圆头、行距宽的。梳理时不要用力过大，否则会导致头发损落。

（2）洗发水和护发素必须为酸性。

（3）不要在阳光下暴晒时间过长。

（4）吹发时风筒不要离接发根处太近。

（5）洗发时不要用力抓揉接发根处。

（6）专业假发店买来的假发片，可以定期送回去用专业清洗剂来清洁。如果是一般小店里买来的，可以用滋润型的洗发水清洗。先把发片浸泡在凉水里几分钟，重新换水后滴入2滴洗发水，用手搅匀后泡泡就好，最后放在通风处自然阴干。

2. 洗发时的注意事项

（1）洗发时一定先在手心里把洗发水搓出泡沫，然后均匀地涂抹在头发上，从上至下轻轻捋着洗。

（2）接发洗发时也要用护发素，因为接上去的是真发，用适量的护发素会让头发更顺滑、不易打结。

（3）洗后先用干毛巾吸干水分，准备一把大齿梳子梳通，别一梳到底，最好用一只手配合抓住衔接处。

辅导练习题

一、单项选择题（下列每题有4个选项，其中只有1个是正确的，请将其代号填写在横线空白处）

1. 假发按照制造________区分，可分为机制假发和手工假发两种。

A. 工艺　　B. 手工　　C. 技术　　D. 种类

2. 假发按照添加的________区分，可分为阻燃丝和不阻燃丝两种。

A. 阻燃剂　　B. 添加剂　　C. 蛋白剂　　D. 纤维剂

3. 假发所用材料为化学纤维丝和人发两种，纤维以________和PET材料为主。

A. PUE　　B. PVC　　C. PPT　　D. PIT

4. 亚洲人的天然发一般是________度。

A. 3~4　　B. 2~7　　C. 2~6　　D. 2~4

5. 通过观察和触摸来确定顾客的________是哪种。

A. 头发　　B. 头型　　C. 脸型　　D. 发际

6. 判断染过头发颜色的色号以及时间等，可以更准确地选择接发时________的颜色。

A. 烫发　　B. 纤维　　C. 染过色　　D. 假发

7. ________接发适合瞬间增加发量和改变发型的顾客选用。

A. 发头套　　B. 发束　　C. 发片　　D. 发丝

8. ________接发适合较长期改变发型的顾客选用。

A. 发头套　　B. 发束　　C. 发片　　D. 发丝

9. ________适合整体改变发型的顾客选用。

A. 发头套　　B. 发束　　C. 发片　　D. 发丝

10. 接发就是把头发接到自己的真头发上，________达到从短发到长发的转变。

A. 瞬间　　B. 短时间　　C. 长时间　　D. 直接

11. 接发可以把________变长、变厚，长发不需焗彩色油就可达到挑染效果。

A. 长发　　B. 短发　　C. 超短发　　D. 毛寸

12. 接发由专业的发型师来完成。发质分为________与纤维丝两种。

A. 毛线　　B. 假发　　C. 真发　　D. 蛋白丝

13. 胶粘接发的工具有________、胶条、剪刀、电夹板、专用洗发水等。

A. 胶枪　　B. 扣子　　C. 水晶线　　D. 钩针

14. 扣合接发的工具有专用________、钩针、尖头钳、剪刀、梳子等。

A. 胶枪　　B. 扣子　　C. 水晶线　　D. 电夹板

15. 编织接发的工具有专用________、剪刀、固定夹、喷水壶等。

A. 胶枪　　B. 扣子　　C. 水晶丝线　　D. 钩针

16. ________接发是先将接发使用的头发分成小缕，然后使用胶枪加热胶条后，抹在一小缕头发的根部。

A. 编织　　B. 扣子　　C. 胶粘　　D. 绳子

17. 扣合接发是把头发分成小缕，用特制的________将要接的长发固定连接在真发的发根处。

A. 编织　　B. 扣子　　C. 胶粘　　D. 绳子

18. 编织接发是将发束________真发之中，用专用水晶丝线固定扎结。

A. 编入　　B. 扣子　　C. 胶粘　　D. 绳子

19. ________接发相当结实、自然。如果不是人为扯断，接上去的头发几乎不会掉落。

A. 编辫　　B. 卡扣　　C. 胶接　　D. 粘贴

20. ________接发衔接处有些厚，不容易清洗。

A. 编辫　　B. 卡扣　　C. 胶接　　D. 粘贴

21. 编辫接发保持时间：________个月。

A. 4~10　　B. 3~5　　C. 1~2　　D. 4~7

22. 卡扣接发保持时间：________个月。

A. 4~10　　B. 3~4　　C. 1~2　　D. 4~7

23. ________接发透气性好，也较轻盈，发缕间很通透，接发量多也不会感觉闷热。

A. 编辫　　B. 卡扣　　C. 胶接　　D. 粘贴

24. ________接发节时省力，非常方便，还可重复利用，不浪费。

A. 编辫　　B. 卡扣　　C. 胶接　　D. 发片

25. ________接发个性，有创意。选择接发颜色范围广，变装更容易，变化余地很大。

A. 编辫　　B. 卡扣　　C. 胶接　　D. 挑染

26. ________接发发色选择需专业，才会展现发型设计。

A. 编辫　　B. 卡扣　　C. 胶接　　D. 挑染

27. 挑染接发发色选择需________，才会展现发型设计。

A. 要好　　B. 专业　　C. 发质好　　D. 长

28. ________接发的方式：用小卡扣将一缕缕真假发扣接在一起，用钳子捏扁固定。

A. 编辫　　B. 卡扣　　C. 胶接　　D. 挑染

29. ________接发的方式：将长串发片一排排地固定在头发上，用卡扣或者自带的卡子固定。

A. 编辫　　B. 卡扣　　C. 胶接　　D. 发片

30. ________接发的方式：用彩色发束接出挑染效果。

A. 编辫　　B. 卡扣　　C. 胶接　　D. 挑染

31. ________接发的效果检查方法主要是扣接的牢固度、平整度与自然度。

A. 编辫　　B. 卡扣　　C. 胶接　　D. 发片

32. ________接发的效果检查方法主要是辫子的紧实度、平齐度与自然度。

A. 编辫　　B. 卡扣　　C. 胶接　　D. 发片

33. ________接发的效果检查方法主要是卡子的紧固度、平滑度与自然度。

A. 编辫　　B. 卡扣　　C. 胶接　　D. 发片

34. ________接发失误的补救措施是取下扣子重新接发。

A. 编辫　　B. 卡扣　　C. 胶接　　D. 发片

35. ________接发失误的补救措施是解开辫子重新接发。

A. 编辫　　B. 卡扣　　C. 胶接　　D. 发片

36. ________接发失误的补救措施是取下卡子重新接发。

A. 编辫　　B. 卡扣　　C. 胶接　　D. 发片

37. 接发衔接处的牢度出问题一般是接发________易掉。

A. 较松　　B. 不平　　C. 平整　　D. 较紧

38. 接发衔接处不牢、不紧、不实的问题原因是操作________。

A. 不当　　B. 马虎　　C. 认真　　D. 用力

39. 接发衔接处的________度出问题一般是操作角度过高。

A. 平整　　B. 服帖　　C. 接口　　D. 角

40. 接发调整发型自然度的方法是均衡接发量的________。

A. 对称性　　B. 力度感　　C. 角度　　D. 长短性

41. 接发调整衔接处牢度的方法是均衡接发时的________。

A. 对称性　　B. 力度感　　C. 角度　　D. 长短性

42. 接发调整衔接处服帖度的方法是均衡接发时的________。

A. 对称性　　B. 力度感　　C. 角度　　D. 长短性

43. 接发后梳理头发用的梳子必须为________、行距宽的。

A. 圆头　　B. 方头　　C. 扁头　　D. 尖头

44. 接发后洗头时，洗发水和护发素必须为________。

A. 碱性　　B. 酸性　　C. 强碱　　D. 强酸

45. 接发洗发后吹发时，风筒不要离接________处太近。

A. 头皮　　B. 发中　　C. 发根　　D. 发尾

46. 专业假发店买来的假发片要________送回去用专业清洗剂来清洁。

A. 每天　　B. 定期　　C. 长期　　D. 每周

47. 一般小店里买来的假发，可以用________的洗发水清洗。

A. 滋润型　　B. 清洁型　　C. 修复型　　D. 护色型

48. ________洗好后放在通风处自然阴干。

A. 假发　　B. 衣服　　C. 纤维　　D. 真发

49. ________洗发时一定先在手心里把洗发水搓出泡沫，然后均匀地涂抹在头发上。

A. 接发　　B. 染发　　C. 烫发　　D. 直发

50. ________洗发要用护发素，用适量的护发素会让头发更顺滑。

A. 接发　　B. 剪短发　　C. 烫发　　D. 漂发

51. ________洗后先用干毛巾吸干水分，准备一把大齿梳子梳通。

A. 接发　　B. 染发　　C. 烫发　　D. 漂发

二、判断题（下列判断正确的请在括号内打"√"，错误的请在括号内打"×"）

1. 假发按用途选配，分为配件发、发片、发头套、接发等。（　　）
2. 通过观察和触摸来确定顾客的头发是哪种。（　　）
3. 发片接发适合瞬间增加发量和改变发型的顾客选用。（　　）
4. 接发的种类有三种：胶粘、扣合、编织。（　　）
5. 编织接发的工具有专用水晶丝线、剪刀、固定夹、喷水壶等。（　　）
6. 编织接发是将发束编入真发之中，用专用扣子固定扎结。（　　）
7. 编辫接发衔接处有些厚，容易清洗。（　　）
8. 发片接发节时省力，非常方便，还可重复利用，不浪费。（　　）
9. 挑染接发发色选择需专业，才会展现发型设计。（　　）
10. 不根据顾客需求选择接发的种类。（　　）
11. 卡扣接发失误的补救措施是取下扣子重新接发。（　　）
12. 发片接发失误的补救措施是取下卡子重新接发。（　　）
13. 接发衔接处不服帖的问题原因是操作角度过低。（　　）
14. 均衡接发时角度的补救措施是尽量放低对发束的控制角度。（　　）
15. 接发后洗发时要用力抓揉接发根处。（　　）
16. 假发洗好后放在通风处自然阴干。（　　）
17. 接发洗发后用适量的护发素会让头发更顺滑、不易打结。（　　）

参考答案

一、单项选择题

1. A　2. A　3. B　4. D　5. A　6. D　7. C　8. B　9. A
10. A　11. B　12. C　13. A　14. B　15. C　16. C　17. B　18. A
19. A　20. A　21. A　22. B　23. B　24. D　25. D　26. D　27. B
28. B　29. D　30. D　31. B　32. A　33. D　34. B　35. A　36. D
37. A　38. A　39. B　40. A　41. B　42. C　43. A　44. B　45. C
46. B　47. A　48. A　49. A　50. A　51. A

二、判断题

1. √　2. √　3. √　4. √　5. √　6. ×　7. ×　8. √　9. √
10. ×　11. √　12. √　13. ×　14. √　15. ×　16. √　17. √

第二部分　操作技能鉴定指导

考核细目表

职业（工种）名称				美发师	等级	四级
职业代码						
序号	鉴定点代码			名称·内容	重要系数	备注
	项目	单元	细目			
	1			发型制作	9	
	1	1		男、女式发型修剪	9	
1	1	1	1	男式（真人）无色调中分发型剪吹	9	
2	1	1	2	男式（真人）有色调时尚发型剪吹	9	
3	1	1	3	男式（真人）有色调奔式发型剪吹	9	
4	1	1	4	男式（真人）有色调三七分发型剪吹	9	
5	1	1	5	女式（真人）中长发斜分刘海碎发发型剪吹	9	
6	1	1	6	女式（真人）短发旋转式发型剪吹	9	
7	1	1	7	女式（真人）短发中分发型剪吹	9	
8	1	1	8	女式（真人）短发翻翘发型剪吹	9	
	2			修面	9	
	2	1		剃须修面	9	
9	2	1	1	模特必须有大胡子	9	
10	2	1	2	修面泡沫涂刷方法正确	5	
11	2	1	3	毛巾捂揩方法得当	9	
12	2	1	4	刀法不少于四种，使用熟练自如	9	
13	2	1	5	长短刀法使用恰当	9	
14	2	1	6	剃须修面操作程序规范	9	
15	2	1	7	不损伤皮肤	9	
16	2	1	8	不伤害顾客和自己	1	
17	2	1	9	符合行业卫生规范要求	1	

续表

序号	鉴定点代码			名称·内容	重要系数	备注
	项目	单元	细目			
	2	2		面、颈、肩部按摩	5	
18	2	2	1	熟练使用多种按摩手法	5	
19	2	2	2	按摩经络有序	5	
20	2	2	3	熟悉掌握面、颈、肩部、经络穴位位置，点穴手法正确	9	
21	2	2	4	按摩手法轻重适当，有舒适感	5	
22	2	2	5	不伤害顾客和自己	1	
23	2	2	6	符合行业卫生规范要求	1	
	3			染发	9	
	3	1		女式中长发（公仔）——单色染发	9	
24	3	1	1	染前准备符合标准	5	
25	3	1	2	染发分区、分片合理	9	
26	3	1	3	染膏涂放正确、手法熟练	5	
27	3	1	4	染膏不染发际线以外皮肤	5	
28	3	1	5	头发冲洗干净，染膏无残留	5	
29	3	1	6	染后色彩符合标准	9	
30	3	1	7	染后效果色彩均匀统一	9	
31	3	1	8	不伤害顾客和自己	1	
32	3	1	9	符合行业卫生规范要求	1	

辅导练习题

【题目1】

试题代码：1.1.1

试题名称：男式（真人）——无色调中分发型剪吹

考生姓名：　　　　准考证号：　　　　考核时间：35 min

1．操作条件

（1）男性（真人）模特一名，头发条件须符合美发师（中级）操作技能鉴定中男式（真人）无色调中分发型修剪、吹风条件的要求。

（2）大围布、干毛巾及全套美发工具用品。

2．操作内容

（1）男式（真人）无色调中分发型修剪（考核时间20 min）。

（2）男式（真人）无色调中分发型吹风（考核时间15 min）。

（3）操作方法安全、卫生（考核时间：全过程）。

3. 操作要求

（1）男式（真人）无色调中分发型修剪

1）整体剪去头发至少2 cm以上（此项为否决项，如整体剪去头发少于2 cm，则修剪细项均评D分）。

2）发型无色调（发际线以下头发长度不得长于2 cm）。

3）两鬓、两侧、后颈部外线修剪自然连贯。

4）两鬓、两侧、后颈部发量厚薄均匀。

5）轮廓齐圆。

6）层次衔接无脱节。

7）两鬓、两侧相等。

（2）男式（真人）无色调中分发型吹风

1）发型定型准确（此项为否决项，如吹风后的发式与考题要求不符，则吹风细项均评D分）。

2）中分线处理自然，两侧对称。

3）轮廓饱满。

4）纹理流向清晰。

5）四周衔接自然。

6）造型美观，配合脸型。

（3）操作方法安全、卫生

1）考核全过程中的操作方法不伤害顾客和自己。

2）考核全过程中的操作方法符合行业卫生规范要求。

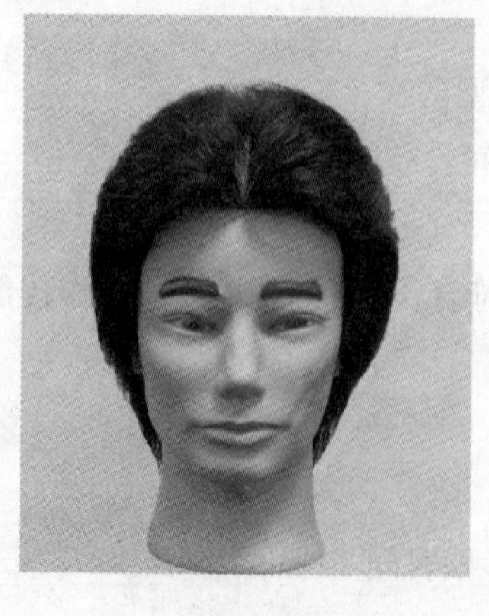

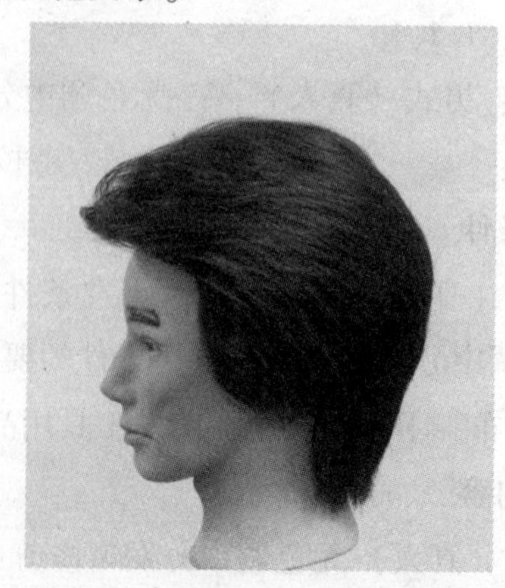

4. 评分项目及标准

试题代码及名称		1.1.1 男式（真人）——无色调中分发型剪吹			考核时间（min）			35 min：其中修剪 20 min、吹风 15 min		
评价要素		配分	等级	评分细则	评定等级					得分
					A	B	C	D	E	
1	修剪 （1）整体剪去头发至少 2 cm 以上 （此项为否决项，如整体剪去头发少于 2 cm，则修剪细项均评 D 分）	5	A	整体剪去头发至少 2 cm 以上						
			D	整体剪去头发 2 cm 以下						
			E	考生完全不会操作或未答题						
2	（2）发际线以下头发长度不得长于 2 cm	5	A	短于或等于 2 cm						
			D	超出 2 cm						
			E	考生完全不会操作或未答题						
3	（3）两鬓、两侧、后颈部外线修剪自然连贯	5	A	两鬓、两侧、后颈部外线修剪自然连贯						
			B	两鬓、两侧、后颈部外线修剪有一处不自然连贯						
			C	两鬓、两侧、后颈部外线修剪有两处不自然连贯						
			D	两鬓、两侧、后颈部外线修剪有三处不自然连贯						
			E	考生完全不会操作或未答题						
4	（4）发量厚薄均匀	5	A	整体发量厚薄均匀						
			B	发量厚薄有一处不均匀						
			C	发量厚薄有两处不均匀						
			D	发量厚薄有三处不均匀						
			E	考生完全不会操作或未答题						

续表

评价要素		配分	等级	评分细则	评定等级					得分
					A	B	C	D	E	
5	（5）轮廓齐圆	5	A	轮廓齐圆						
			B	轮廓有一处不齐圆						
			C	轮廓有两处不齐圆						
			D	轮廓有三处以上不齐圆						
			E	考生完全不会操作或未答题						
6	（6）层次衔接无脱节	5	A	层次衔接无脱节						
			B	层次衔接有一处脱节						
			C	层次衔接有两处脱节						
			D	层次衔接有三处以上脱节						
			E	考生完全不会操作或未答题						
7	（7）两鬓、两侧相等	5	A	两鬓、两侧相等						
			B	两鬓、两侧有一处不相等						
			C	两鬓、两侧有两处不相等						
			D	两鬓、两侧有三处以上不相等						
			E	考生完全不会操作或未答题						
8	吹风 （1）发型定型准确 （此项为否决项，如吹风后的发式与考题要求不符，则吹风细项均评D分）	5	A	发型定型准确						
			D	发型定型不准确						
			E	考生完全不会操作或未答题						
9	（2）中分线处理自然，两侧对称	4	A	中分线处理自然，两侧对称						
			B	中分线处理较自然，两侧有一处不对称						
			C	中分线处理较自然，两侧有两处不对称						
			D	中分线处理不自然，两侧有三处不对称						
			E	考生完全不会操作或未答题						

续表

评价要素		配分	等级	评分细则	评定等级					得分
					A	B	C	D	E	
10	（3）轮廓饱满	4	A	轮廓饱满						
			B	轮廓有一处不饱满						
			C	轮廓有两处不饱满						
			D	轮廓有三处以上不饱满						
			E	考生完全不会操作或未答题						
11	（4）纹理流向清晰	3	A	纹理流向清晰						
			B	纹理流向有一处含糊						
			C	纹理流向有两处含糊						
			D	纹理流向有三处以上含糊						
			E	考生完全不会操作或未答题						
12	（5）四周衔接自然	3	A	四周衔接自然						
			B	四周衔接有一处不自然						
			C	四周衔接有两处不自然						
			D	四周衔接有三处以上不自然						
			E	考生完全不会操作或未答题						
13	（6）造型美观，配合脸型	4	A	造型美观，配合脸型						
			D	造型呆板，不配合脸型						
			E	考生完全不会操作或未答题						
14	安全、卫生 （1）考核全过程不伤害顾客和自己	1	A	不伤害顾客和自己						
			B							
			C							
			D	伤害到顾客和自己						
			E	考生完全不会操作或未答题						
15	（2）考核全过程符合行业卫生规范要求	1	A	符合行业卫生规范						
			B	较符合行业卫生规范，有一处不够规范						
			C	基本符合行业卫生规范，有两处不够规范						
			D	不符合行业卫生规范，有三处以上不够规范						
			E	考生完全不会操作或未答题						
合计配分		60		合计得分						

考评员（签名）：

【题目2】

试题代码：1.1.2

试题名称：男式（真人）——有色调时尚发型剪吹

考生姓名：　　　　准考证号：　　　　考核时间：35 min

1. 操作条件

（1）男性（真人）模特一名，头发条件须符合美发师（中级）操作技能鉴定中男式（真人）有色调时尚发型修剪、吹风条件的要求。

（2）大围布、干毛巾及全套美发工具用品。

2. 操作内容

（1）男式（真人）有色调时尚发型修剪（考核时间：20 min）。

（2）男式（真人）有色调时尚发型吹风（考核时间：15 min）。

（3）操作方法安全、卫生（考核时间：全过程）。

3. 操作要求

（1）男式（真人）有色调时尚发型修剪

1）整体剪去头发至少2 cm以上（此项为否决项，如整体剪去头发少于2 cm，则修剪细项均评D分）。

2）后颈部色调幅度4 cm以上（含4 cm）。

3）后颈部接头精细。

4）两鬓、两侧、后颈部色调均匀。

5）轮廓齐圆。

6）层次衔接无脱节。

7）两鬓、两侧相等。

（2）男式（真人）有色调时尚发型吹风

1）发式定型准确，具有时尚感（此项为否决项，如吹风后的发式与考题要求不符，则吹风细项均评D分）。

2）轮廓圆润柔和。

3）纹理流向清晰。

4）两边相称。

5）四周衔接自然。

6）造型美观，配合脸型。

（3）操作方法安全、卫生

1）考核全过程中的操作方法不伤害顾客和自己。

2）考核全过程中的操作方法符合行业卫生规范要求。

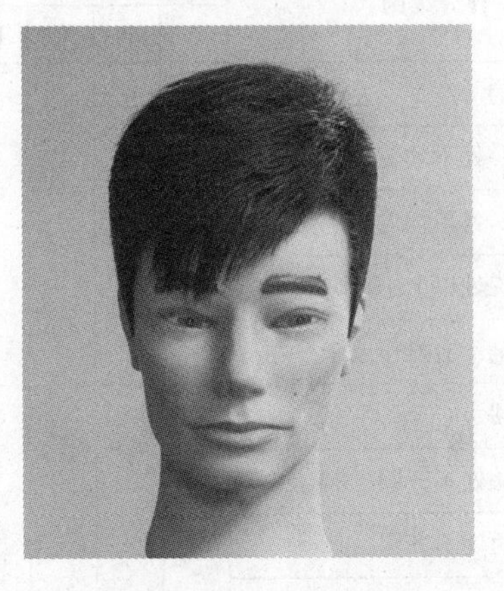

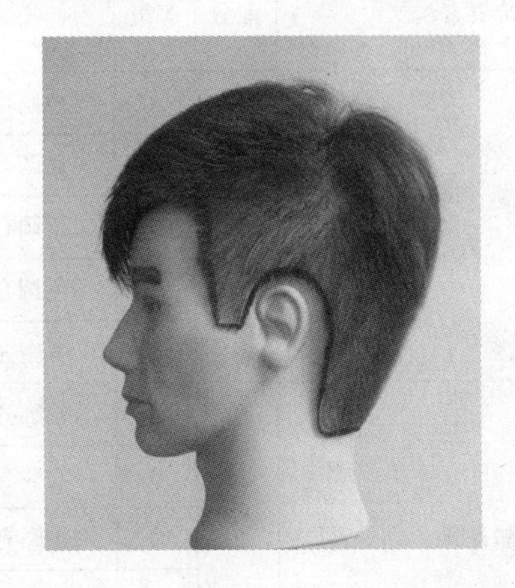

4. 评分项目及标准

<table>
<tr><td colspan="2">试题代码及名称</td><td colspan="3">1.1.2 男式（真人）——
有色调时尚发型剪吹</td><td colspan="3">考核时间
（min）</td><td colspan="3">35 min：其中
修剪 20 min、
吹风 15 min</td></tr>
<tr><td colspan="2" rowspan="2">评价要素</td><td rowspan="2">配分</td><td rowspan="2">等级</td><td rowspan="2">评分细则</td><td colspan="5">评定等级</td><td rowspan="2">得分</td></tr>
<tr><td>A</td><td>B</td><td>C</td><td>D</td><td>E</td></tr>
<tr><td rowspan="5">1</td><td rowspan="5">修剪
（1）整体剪去头发至少 2 cm以上
（此项为否决项，如整体剪去头发少于 2 cm，则修剪细项均评 D 分）</td><td rowspan="5">5</td><td>A</td><td>整体剪去头发 2 cm 以上</td><td rowspan="5"></td><td rowspan="5"></td><td rowspan="5"></td><td rowspan="5"></td><td rowspan="5"></td><td rowspan="5"></td></tr>
<tr><td></td><td></td></tr>
<tr><td></td><td></td></tr>
<tr><td>D</td><td>整体剪去头发 2 cm 以下</td></tr>
<tr><td>E</td><td>考生完全不会操作或未答题</td></tr>
<tr><td rowspan="5">2</td><td rowspan="5">（2）后颈部色调幅度 4 cm 以上（含 4 cm）</td><td rowspan="5">5</td><td>A</td><td>色调幅度 4 cm 以上</td><td rowspan="5"></td><td rowspan="5"></td><td rowspan="5"></td><td rowspan="5"></td><td rowspan="5"></td><td rowspan="5"></td></tr>
<tr><td>B</td><td>色调幅度 3 cm 以上、4 cm 以下</td></tr>
<tr><td></td><td></td></tr>
<tr><td>D</td><td>色调幅度 3 cm 以下</td></tr>
<tr><td>E</td><td>考生完全不会操作或未答题</td></tr>
<tr><td rowspan="5">3</td><td rowspan="5">（3）后颈部接头精细</td><td rowspan="5">5</td><td>A</td><td>后颈部接头精细</td><td rowspan="5"></td><td rowspan="5"></td><td rowspan="5"></td><td rowspan="5"></td><td rowspan="5"></td><td rowspan="5"></td></tr>
<tr><td>B</td><td>后颈部接头有一处断痕</td></tr>
<tr><td>C</td><td>后颈部接头有两处断痕</td></tr>
<tr><td>D</td><td>后颈部接头有三处以上断痕或明显切线</td></tr>
<tr><td>E</td><td>考生完全不会操作或未答题</td></tr>
</table>

续表

评价要素		配分	等级	评分细则	评定等级					得分
					A	B	C	D	E	
4	（4）两鬓、两侧、后颈部色调均匀	5	A	色调均匀						
			B	色调有一处不均匀						
			C	色调有两处不均匀						
			D	色调有三处以上不均匀						
			E	考生完全不会操作或未答题						
5	（5）轮廓齐圆	5	A	轮廓齐圆						
			B	轮廓有一处不齐圆						
			C	轮廓有两处不齐圆						
			D	轮廓有三处以上不齐圆						
			E	考生完全不会操作或未答题						
6	（6）层次衔接无脱节	5	A	层次衔接无脱节						
			B	层次衔接有一处脱节						
			C	层次衔接有两处脱节						
			D	层次衔接有三处以上脱节						
			E	考生完全不会操作或未答题						
7	（7）两鬓、两侧相等	5	A	两鬓、两侧相等						
			B	两鬓、两侧有一处不相等						
			C	两鬓、两侧有两处不相等						
			D	两鬓、两侧有三处以上不相等						
			E	考生完全不会操作或未答题						
8	吹风 （1）发式定型准确 （此项为否决项，如吹风后的发式与考题要求不符，则吹风细项均评D分）	5	A	发式定型准确						
			D	发式定型不准确						
			E	考生完全不会操作或未答题						
9	（2）轮廓饱满	4	A	轮廓饱满						
			B	轮廓有一处不饱满						
			C	轮廓有两处不饱满						
			D	轮廓有三处以上不饱满						
			E	考生完全不会操作或未答题						

续表

	评价要素	配分	等级	评分细则	评定等级					得分
					A	B	C	D	E	
10	（3）纹理流向清晰	4	A	纹理流向清晰						
			B	纹理流向有一处含糊						
			C	纹理流向有两处含糊						
			D	纹理流向有三处以上含糊						
			E	考生完全不会操作或未答题						
11	（4）两边相称	3	A	两边相称						
			B	两边有一处不相称						
			C	两边有两处不相称						
			D	两边有三处以上不相称						
			E	考生完全不会操作或未答题						
12	（5）四周衔接自然	3	A	四周衔接自然						
			B	四周有一处不衔接						
			C	四周有两处不衔接						
			D	四周有三处以上不衔接						
			E	考生完全不会操作或未答题						
13	（6）造型美观，配合脸型	4	A	造型美观，配合脸型						
			D	造型呆板，不配合脸型						
			E	考生完全不会操作或未答题						
14	安全、卫生 （1）考核全过程不伤害顾客和自己	1	A	不伤害顾客和自己						
			B							
			C							
			D	伤害到顾客和自己						
			E	考生完全不会操作或未答题						
15	（2）考核全过程符合行业卫生规范要求	1	A	符合行业卫生规范						
			B	较符合行业卫生规范，有一处不够规范						
			C	基本符合行业卫生规范，有两处不够规范						
			D	不符合行业卫生规范，有三处以上不够规范						
			E	考生完全不会操作或未答题						
	合计配分	60		合计得分						

考评员（签名）：

【题目3】

试题代码：1.1.3

试题名称：男式（真人）——有色调奔式发型剪吹

考生姓名：　　　　准考证号：　　　　考核时间：35 min

1. 操作条件

（1）男性（真人）模特一名，头发条件须符合美发师（中级）操作技能鉴定中男式（真人）有色调奔式发型推剪、吹风条件的要求。

（2）大围布、干毛巾及全套美发工具用品。

2. 操作内容

（1）男式（真人）有色调奔式发型推剪（考核时间20 min）。

（2）男式（真人）有色调奔式发型吹风（考核时间15 min）。

（3）操作方法安全、卫生（考核时间：全过程）。

3. 操作要求

（1）男式（真人）有色调奔式发型推剪

1）整体剪去头发至少2 cm以上（此项为否决项，如整体剪去头发少于2 cm，则推剪细项均评D分）。

2）后颈部色调幅度4 cm以上（含4 cm）。

3）后颈部接头精细。

4）两鬓、两侧、后颈部色调均匀。

5）轮廓齐圆。

6）层次调和无脱节。

7）两鬓、两侧相称。

（2）男式（真人）有色调奔式发型吹风

1）发式定型准确（此项为否决项，如吹风后的发式与考题要求不符，则吹风细项均评D分）。

2）轮廓饱满。

3）纹理流向清晰。

4）两边相称。

5）四周衔接自然。

6）造型美观，配合脸型。

（3）操作方法安全、卫生

1）考核全过程中的操作方法不伤害顾客和自己。

2）考核全过程中的操作方法符合行业卫生规范要求。

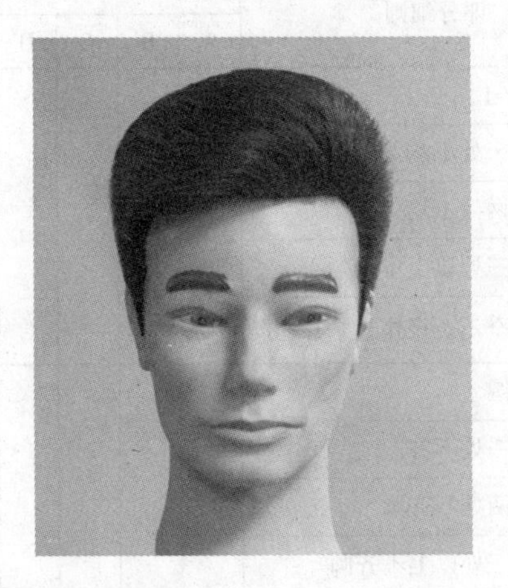
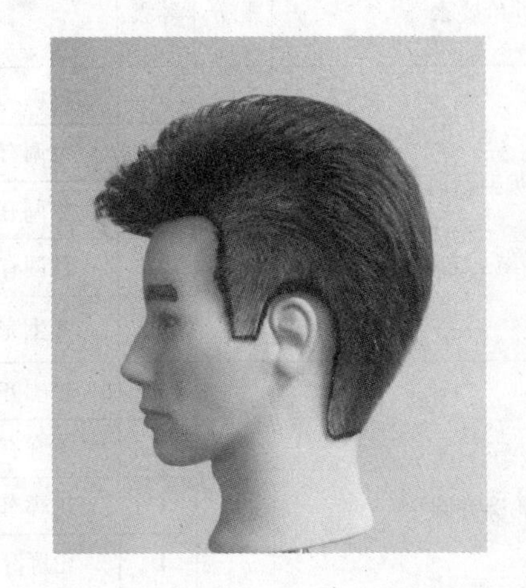

4. 评分项目及标准

试题代码及名称		1.1.3 男式（真人）—— 有色调奔式发型剪吹			考核时间 （min）			35 min：其中 推剪 20 min、 吹风 15 min		
	评价要素	配分	等级	评分细则	评定等级					得分
					A	B	C	D	E	
1	推剪 （1）整体剪去头发至少 2 cm 以上（此项为否决项，如整体剪去头发少于 2 cm，则推剪细项均评 D 分）	5	A	整体剪去头发 2 cm 以上						
			D	整体剪去头发 2 cm 以下						
			E	考生完全不会操作或未答题						
2	（2）后颈部色调幅度 4 cm 以上（含 4 cm）	5	A	色调幅度 4 cm 以上						
			B	色调幅度 3 cm 以上、4 cm 以下						
			D	色调幅度 3 cm 以下						
			E	考生完全不会操作或未答题						
3	（3）后颈部接头精细	5	A	后颈部接头精细						
			B	后颈部接头有一处断痕						
			C	后颈部接头有两处断痕						
			D	后颈部接头有三处以上断痕或明显切线						
			E	考生完全不会操作或未答题						

续表

	评价要素	配分	等级	评分细则	评定等级 A	B	C	D	E	得分
4	（4）两鬓、两侧、后颈部色调均匀	5	A	色调均匀						
			B	色调有一处不均匀						
			C	色调有两处不均匀						
			D	色调有三处以上不均匀						
			E	考生完全不会操作或未答题						
5	（5）轮廓齐圆	5	A	轮廓齐圆						
			B	轮廓有一处不齐圆						
			C	轮廓有两处不齐圆						
			D	轮廓有三处以上不齐圆						
			E	考生完全不会操作或未答题						
6	（6）层次调和无脱节	5	A	层次调和无脱节						
			B	层次调和有一处脱节						
			C	层次调和有两处脱节						
			D	层次调和有三处以上脱节						
			E	考生完全不会操作或未答题						
7	（7）两鬓、两侧相称	5	A	两鬓、两侧相称						
			B	两鬓、两侧有一处不相称						
			C	两鬓、两侧有两处不相称						
			D	两鬓、两侧有三处以上不相称						
			E	考生完全不会操作或未答题						
8	吹风 （1）发式定型准确 （此项为否决项，如吹风后的发式与考题要求不符，则吹风细项均评D分）	5	A	发式定型准确						
			D	发式定型不准确						
			E	考生完全不会操作或未答题						
9	（2）轮廓饱满	4	A	轮廓饱满						
			B	轮廓有一处不饱满						
			C	轮廓有两处不饱满						
			D	轮廓有三处以上不饱满						
			E	考生完全不会操作或未答题						

续表

评价要素		配分	等级	评分细则	评定等级 A	B	C	D	E	得分
10	（3）纹理流向清晰	4	A	纹理流向清晰						
			B	纹理流向有一处含糊						
			C	纹理流向有两处含糊						
			D	纹理流向有三处以上含糊						
			E	考生完全不会操作或未答题						
11	（4）两边相称	3	A	两边相称						
			B	两边有一处不相称						
			C	两边有两处不相称						
			D	两边有三处以上不相称						
			E	考生完全不会操作或未答题						
12	（5）四周衔接自然	3	A	四周衔接自然						
			B	四周有一处不衔接						
			C	四周有两处不衔接						
			D	四周有三处以上不衔接						
			E	考生完全不会操作或未答题						
13	（6）造型美观，配合脸型	4	A	造型美观，配合脸型						
			D	造型呆板，不配合脸型						
			E	考生完全不会操作或未答题						
14	安全、卫生 （1）考核全过程不伤害顾客和自己	1	A	不伤害顾客和自己						
			B							
			C							
			D	伤害到顾客和自己						
			E	考生完全不会操作或未答题						
15	（2）考核全过程符合行业卫生规范要求	1	A	符合行业卫生规范						
			B	较符合行业卫生规范，有一处不够规范						
			C	基本符合行业卫生规范，有两处不够规范						
			D	不符合行业卫生规范，有三处以上不够规范						
			E	考生完全不会操作或未答题						
合计配分		60		合计得分						

考评员（签名）：

【题目 4】

试题代码：1. 1. 4

试题名称：男式（真人）——有色调三七分发型剪吹

考生姓名：　　　　准考证号：　　　　考核时间：35 min

1. 操作条件

（1）男性（真人）模特一名，头发条件须符合美发师（中级）操作技能鉴定中男式（真人）有色调三七分发型推剪、吹风条件的要求。

（2）大围布、干毛巾及全套美发工具用品。

2. 操作内容

（1）男式（真人）有色调三七分发型推剪（考核时间 20 min）。

（2）男式（真人）有色调三七分发型吹风（考核时间 15 min）。

（3）操作方法安全、卫生（考核时间：全过程）。

3. 操作要求

（1）男式（真人）有色调三七分发型推剪

1）整体剪去头发至少 2 cm 以上（此项为否决项，如整体剪去头发少于 2 cm，则推剪细项均评 D 分）。

2）后颈部色调幅度 4 cm 以上（含 4 cm）。

3）后颈部接头精细。

4）两鬓、两侧、后颈部色调均匀。

5）轮廓齐圆。

6）层次衔接无脱节。

7）两鬓、两侧相称。

（2）男式（真人）有色调三七分发型吹风

1）发式定型准确，分缝比例与发型设计吻合（此项为否决项，如吹风后的发式与考题要求不符，则吹风细项均评 D 分）。

2）大小边弧度饱满与脸型相称。

3）轮廓饱满。

4）纹理清晰，流向正确。

5）四周衔接自然。

6）造型美观，配合脸型。

（3）操作方法安全、卫生

1）考核全过程中的操作方法不伤害顾客和自己。

2）考核全过程中的操作方法符合行业卫生规范要求。

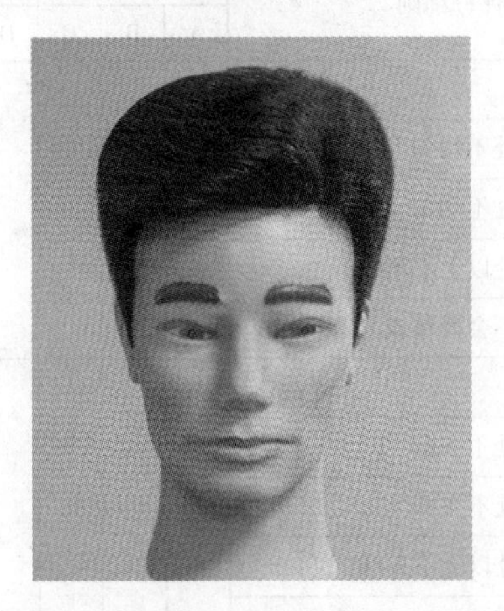
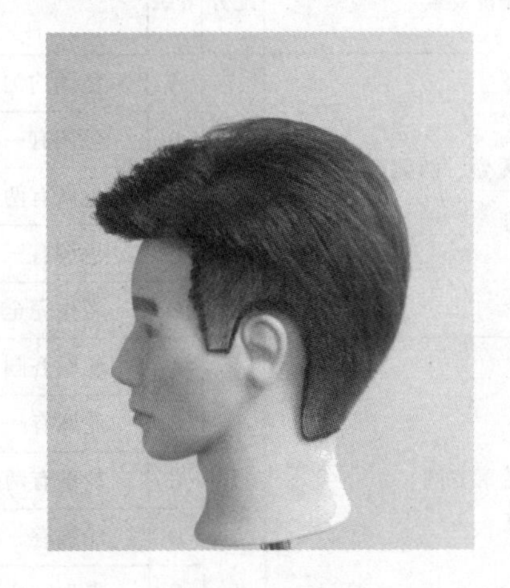

4. 评分项目及标准

试题代码及名称		1.1.4 男式（真人）—— 有色调三七分发型剪吹			考核时间 （min）			35 min：其中 推剪 20 min、 吹风 15 min		
评价要素		配分	等级	评分细则	评定等级					得分
					A	B	C	D	E	
1	推剪 （1）整体剪去头发至少 2 cm 以上 （此项为否决项，如整体剪去头发少于 2 cm，则推剪细项均评 D 分）	5	A	整体剪去头发 2 cm 以上						
			D	整体剪去头发 2 cm 以下						
			E	考生完全不会操作或未答题						
2	（2）后颈部色调幅度 4 cm 以上（含 4 cm）	5	A	色调幅度 4 cm 以上						
			B	色调幅度 3 cm 以上、4 cm 以下						
			D	色调幅度 3 cm 以下						
			E	考生完全不会操作或未答题						
3	（3）后颈部接头精细	5	A	后颈部接头精细						
			B	后颈部接头有一处断痕						
			C	后颈部接头有两处断痕						
			D	后颈部接头有三处以上断痕或明显切线						
			E	考生完全不会操作或未答题						

续表

	评价要素	配分	等级	评分细则	评定等级					得分
					A	B	C	D	E	
4	（4）两鬓、两侧、后颈部色调均匀	5	A	色调均匀						
			B	色调有一处不均匀						
			C	色调有两处不均匀						
			D	色调有三处以上不均匀						
			E	考生完全不会操作或未答题						
5	（5）轮廓齐圆	5	A	轮廓齐圆						
			B	轮廓有一处不齐圆						
			C	轮廓有两处不齐圆						
			D	轮廓有三处以上不齐圆						
			E	考生完全不会操作或未答题						
6	（6）层次衔接无脱节	5	A	层次衔接无脱节						
			B	层次衔接有一处脱节						
			C	层次衔接有两处脱节						
			D	层次衔接有三处以上脱节						
			E	考生完全不会操作或未答题						
7	（7）两鬓、两侧相等	5	A	两鬓、两侧相等						
			B	两鬓、两侧有一处不相等						
			C	两鬓、两侧有两处不相等						
			D	两鬓、两侧有三处以上不相等						
			E	考生完全不会操作或未答题						
8	吹风 （1）发式定型准确，分缝比例与发型设计吻合 （此项为否决项，如吹风后的发式与考题要求不符，则吹风细项均评D分）	5	A	发式定型准确，分缝比例与发型设计吻合						
			D	分缝比例与发型设计不吻合						
			E	考生完全不会操作或未答题						
9	（2）大小边弧度饱满与脸型相称	4	A	大小边弧度饱满与脸型相称						
			B	小边与脸型不相称						
			C	大边与脸型不相称						
			D	大小边弧度饱满与脸型不相称						
			E	考生完全不会操作或未答题						

续表

	评价要素	配分	等级	评分细则	评定等级 A	B	C	D	E	得分
10	（3）轮廓饱满	4	A	轮廓饱满						
			B	轮廓有一处不饱满						
			C	轮廓有两处不饱满						
			D	轮廓有三处以上不饱满						
			E	考生完全不会操作或未答题						
11	（4）纹理清晰	3	A	纹理清晰						
			B	纹理有一处含糊						
			C	纹理有两处含糊						
			D	纹理有三处以上含糊						
			E	考生完全不会操作或未答题						
12	（5）四周衔接自然	3	A	四周衔接自然						
			B	四周有一处不衔接						
			C	四周有两处不衔接						
			D	四周有三处以上不衔接						
			E	考生完全不会操作或未答题						
13	（6）造型美观，配合脸型	4	A	造型美观，配合脸型						
			D	造型呆板，不配合脸型						
			E	考生完全不会操作或未答题						
14	安全、卫生 （1）考核全过程不伤害顾客和自己	1	A	不伤害顾客和自己						
			B							
			C							
			D	伤害到顾客和自己						
			E	考生完全不会操作或未答题						
15	（2）考核全过程符合行业卫生规范要求	1	A	符合行业卫生规范						
			B	较符合行业卫生规范，有一处不够规范						
			C	基本符合行业卫生规范，有两处不够规范						
			D	不符合行业卫生规范，有三处以上不够规范						
			E	考生完全不会操作或未答题						
	合计配分	60		合计得分						

考评员（签名）：

【题目 5】

试题代码：1. 1. 5

试题名称：女式（真人）——中长发斜分刘海碎发发型剪吹

考生姓名：　　　　准考证号：　　　　考核时间：35 min

1. 操作条件

（1）女性（真人）模特一名，头发条件须符合美发师（中级）操作技能鉴定中女式（真人）中长发斜分刘海碎发发型修剪、吹风条件的要求。

（2）大围布、干毛巾及全套美发工具用品。

2. 操作内容

（1）女式（真人）——中长发斜分刘海碎发发型修剪（考核时间 20 min）。

（2）女式（真人）——中长发斜分刘海碎发发型吹风（考核时间 15 min）。

（3）操作方法安全、卫生（考核时间：全过程）。

3. 操作要求

（1）女式（真人）——中长发斜分刘海碎发发型修剪

1）整体剪去头发 2 cm 以上（此项为否决项，如整体剪去头发少于 2 cm，则修剪细项均评 D 分）。

2）层次体现中长发斜分刘海碎发修剪特征。

3）刘海处理符合发式特点。

4）层次衔接自然无脱节。

5）底线轮廓自然圆润。

6）两侧相称。

7）发量均匀。

（2）女式（真人）——中长发斜分刘海碎发发型吹风

1）发式定型准确（此项为否决项，如吹风后的发式与考题要求不符，则吹风细项均评 D 分）。

2）斜分刘海自然得体。

3）纹理清晰、流畅。

4）两边相称。

5）造型自然飘逸，配合脸型。

（3）操作方法安全、卫生

1）考核全过程中的操作方法不伤害顾客和自己。

2）考核全过程中的操作方法符合行业卫生规范要求。

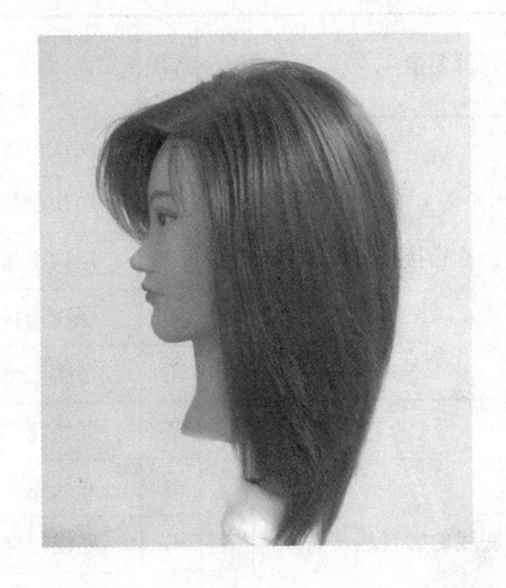

4. 评分项目及标准

<table>
<tr><td colspan="2">试题代码及名称</td><td colspan="3">1.1.5 女式（真人）——
中长发斜分刘海碎发发型剪吹</td><td colspan="3">考核时间
（min）</td><td colspan="3">35 min：其中
修剪 20 min、
吹风 15 min</td></tr>
<tr><td colspan="2" rowspan="2">评价要素</td><td rowspan="2">配分</td><td rowspan="2">等级</td><td rowspan="2">评分细则</td><td colspan="5">评定等级</td><td rowspan="2">得分</td></tr>
<tr><td>A</td><td>B</td><td>C</td><td>D</td><td>E</td></tr>
<tr><td rowspan="5">1</td><td rowspan="5">修剪
（1）整体剪去头发 2 cm 以上（此项为否决项，如整体剪去头发少于 2 cm，则修剪细项均评 D 分）</td><td rowspan="5">5</td><td>A</td><td>整体剪去头发 2 cm 以上</td><td rowspan="5"></td><td rowspan="5"></td><td rowspan="5"></td><td rowspan="5"></td><td rowspan="5"></td><td rowspan="5"></td></tr>
<tr><td></td><td></td></tr>
<tr><td></td><td></td></tr>
<tr><td>D</td><td>整体剪去头发 2 cm 以下</td></tr>
<tr><td>E</td><td>考生完全不会操作或未答题</td></tr>
<tr><td rowspan="5">2</td><td rowspan="5">（2）层次体现中长发斜分刘海碎发修剪特征</td><td rowspan="5">5</td><td>A</td><td>层次体现中长发斜分刘海碎发特征</td><td rowspan="5"></td><td rowspan="5"></td><td rowspan="5"></td><td rowspan="5"></td><td rowspan="5"></td><td rowspan="5"></td></tr>
<tr><td></td><td></td></tr>
<tr><td></td><td></td></tr>
<tr><td>D</td><td>层次不能体现中长发斜分刘海碎发特征</td></tr>
<tr><td>E</td><td>考生完全不会操作或未答题</td></tr>
<tr><td rowspan="5">3</td><td rowspan="5">（3）刘海处理符合发式特点</td><td rowspan="5">5</td><td>A</td><td>刘海处理符合发式特点</td><td rowspan="5"></td><td rowspan="5"></td><td rowspan="5"></td><td rowspan="5"></td><td rowspan="5"></td><td rowspan="5"></td></tr>
<tr><td>B</td><td></td></tr>
<tr><td>C</td><td></td></tr>
<tr><td>D</td><td>刘海处理不符合发式特点</td></tr>
<tr><td>E</td><td>考生完全不会操作或未答题</td></tr>
</table>

续表

	评价要素	配分	等级	评分细则	评定等级					得分
					A	B	C	D	E	
4	（4）层次衔接自然无脱节	5	A	层次衔接自然无脱节						
			B	层次衔接有一处脱节						
			C	层次衔接有两处脱节						
			D	层次衔接有三处以上脱节						
			E	考生完全不会操作或未答题						
5	（5）底线轮廓自然圆润	5	A	底线轮廓自然圆润						
			B	底线轮廓有一处不够圆润						
			C	底线轮廓有两处不够圆润						
			D	底线轮廓有三处以上不够圆润						
			E	考生完全不会操作或未答题						
6	（6）两侧相称	5	A	两侧相称						
			B	两侧有一处不相称						
			C	两侧有两处不相称						
			D	两侧有三处以上不相称						
			E	考生完全不会操作或未答题						
7	（7）发量均匀	5	A	发量均匀						
			B	发量有一处不均匀						
			C	发量有两处不均匀						
			D	发量有三处以上不均匀						
			E	考生完全不会操作或未答题						
8	吹风 （1）发式定型准确 （此项为否决项，如吹风后的发式与考题要求不符，则吹风细项均评D分）	5	A	发式定型准确						
			D	发式定型不准确						
			E	考生完全不会操作或未答题						
9	（2）斜分刘海自然得体	5	A	斜分刘海自然得体						
			B							
			C							
			D	斜分刘海不自然得体						
			E	考生完全不会操作或未答题						

续表

序号	评价要素	配分	等级	评分细则	评定等级 A	B	C	D	E	得分
10	（3）纹理清晰、流畅	4	A	纹理清晰、流畅						
			B	纹理有一处含糊						
			C	纹理有两处含糊						
			D	纹理有三处以上含糊						
			E	考生完全不会操作或未答题						
11	（4）两边相称	4	A	两边相称						
			B	两边有一处不够相称						
			C	两边有两处不够相称						
			D	两边有三处以上不相称						
			E	考生完全不会操作或未答题						
12	（5）造型自然飘逸，配合脸型	5	A	造型自然飘逸，配合脸型						
			B							
			C							
			D	造型呆板，不配合脸型						
			E	考生完全不会操作或未答题						
13	安全、卫生 （1）考核全过程不伤害顾客和自己	1	A	不伤害顾客和自己						
			B							
			C							
			D	伤害到顾客和自己						
			E	考生完全不会操作或未答题						
14	（2）考核全过程符合行业卫生规范要求	1	A	符合行业卫生规范						
			B	较符合行业卫生规范，有一处不够规范						
			C	基本符合行业卫生规范，有两处不够规范						
			D	不符合行业卫生规范，有三处以上不够规范						
			E	考生完全不会操作或未答题						
	合计配分	60		合计得分						

考评员（签名）：

【题目6】

试题代码：1.1.6

试题名称：女式（真人）——短发旋转式发型剪吹

考生姓名：　　　　准考证号：　　　　考核时间：35 min

1. 操作条件

（1）女性（真人）模特一名，头发条件须符合美发师（中级）操作技能鉴定中女式（真人）短发旋转式发型修剪、吹风条件的要求。

（2）大围布、干毛巾及全套美发工具用品。

2. 操作内容

（1）女式（真人）短发旋转式发型修剪（考核时间20 min）。

（2）女式（真人）短发旋转式发型吹风（考核时间15 min）。

（3）操作方法安全、卫生（考核时间：全过程）。

3. 操作要求

（1）女式（真人）短发旋转式发型修剪

1）整体剪去头发2 cm以上（此项为否决项，如整体剪去头发少于2 cm，则修剪细项均评D分）。

2）头发层次符合旋转式要求。

3）刘海处理符合发式特点。

4）两侧与后颈部衔接自然。

5）层次衔接自然无脱节。

6）轮廓自然圆润。

7）发量均匀。

（2）女式（真人）短发旋转式发型吹风

1）发式定型准确（此项为否决项，如吹风后的发式与考题要求不符，则吹风细项均评D分）。

2）轮廓饱满自然。

3）纹理旋转流向清晰。

4）四周衔接自然。

5）造型自然，配合脸型。

（3）操作方法安全、卫生

1）考核全过程中的操作方法不伤害顾客和自己。

2）考核全过程中的操作方法符合行业卫生规范要求。

4. 评分项目及标准

试题代码及名称		1.1.6 女式（真人）——短发旋转式发型剪吹			考核时间（min）			35 min：其中修剪 20 min、吹风 15 min		
评价要素		配分	等级	评分细则	评定等级					得分
					A	B	C	D	E	
1	修剪 （1）整体剪去头发 2 cm 以上（此项为否决项，如整体剪去头发少于 2 cm，则修剪细项均评 D 分）	5	A	整体剪去头发 2 cm 以上						
			D	整体剪去头发 2 cm 以下						
			E	考生完全不会操作或未答题						
2	（2）头发层次符合旋转式要求	5	A	头发层次符合旋转式要求						
			D	头发层次不符合旋转式要求						
			E	考生完全不会操作或未答题						
3	（3）刘海处理符合发式特点	5	A	刘海处理符合发式特点						
			D	刘海处理不符合发式特点						
			E	考生完全不会操作或未答题						

续表

	评价要素	配分	等级	评分细则	评定等级 A	B	C	D	E	得分
4	（4）两侧与后颈部衔接自然	5	A	两侧与后颈部衔接自然						
			B	两侧与后颈部有一侧衔接不自然						
			C	两侧与后颈部有两侧衔接不自然						
			D	两侧与后颈部衔接不自然						
			E	考生完全不会操作或未答题						
5	（5）层次衔接自然无脱节	5	A	层次衔接自然无脱节						
			B	层次衔接有一处脱节						
			C	层次衔接有两处脱节						
			D	层次衔接有三处以上脱节						
			E	考生完全不会操作或未答题						
6	（6）轮廓自然圆润	5	A	轮廓自然圆润						
			B	轮廓有一处不够圆润						
			C	轮廓有两处不够圆润						
			D	轮廓有三处以上不够圆润						
			E	考生完全不会操作或未答题						
7	（7）发量均匀	5	A	发量均匀						
			B	发量有一处不均匀						
			C	发量有两处不均匀						
			D	发量有三处以上不均匀						
			E	考生完全不会操作或未答题						
8	吹风 （1）发式定型准确 （此项为否决项，如吹风后的发式与考题要求不符，则吹风细项均评D分）	5	A	发式定型准确						
			D	发式定型不准确						
			E	考生完全不会操作或未答题						
9	（2）轮廓饱满自然	4	A	轮廓饱满自然						
			B	轮廓有一处不够饱满自然						
			C	轮廓有两处不够饱满自然						
			D	轮廓有三处以上不够饱满自然						
			E	考生完全不会操作或未答题						

续表

评价要素		配分	等级	评分细则	评定等级					得分
					A	B	C	D	E	
10	（3）纹理旋转流向清晰	5	A	纹理旋转流向清晰						
			B	纹理旋转流向有一处含糊						
			C	纹理旋转流向有两处含糊						
			D	纹理旋转流向有三处以上含糊						
			E	考生完全不会操作或未答题						
11	（4）四周衔接自然	4	A	四周衔接自然						
			B	四周有一处不衔接						
			C	四周有两处不衔接						
			D	四周有三处以上不衔接						
			E	考生完全不会操作或未答题						
12	（5）造型美观，配合脸型	5	A	造型美观，配合脸型						
			D	造型呆板，不配合脸型						
			E	考生完全不会操作或未答题						
13	安全、卫生 （1）考核全过程不伤害顾客和自己	1	A	不伤害顾客和自己						
			B							
			C							
			D	伤害到顾客和自己						
			E	考生完全不会操作或未答题						
14	（2）考核全过程符合行业卫生规范要求	1	A	符合行业卫生规范						
			B	较符合行业卫生规范，有一处不够规范						
			C	基本符合行业卫生规范，有两处不够规范						
			D	不符合行业卫生规范，有三处以上不够规范						
			E	考生完全不会操作或未答题						
合计配分		60	合计得分							

考评员（签名）：

【题目7】

试题代码：1.1.7

试题名称：女式（真人）——短发中分发型剪吹

考生姓名：　　　　　　　准考证号：　　　　　　　考核时间：35 min

1. 操作条件

（1）女性（真人）模特一名，头发条件须符合美发师（中级）操作技能鉴定中女式（真人）短发中分发型修剪、吹风条件的要求。

（2）大围布、干毛巾及全套美发工具用品。

2. 操作内容

（1）女式（真人）短发中分发型修剪（考核时间20 min）。

（2）女式（真人）短发中分发型吹风（考核时间15 min）。

（3）操作方法安全、卫生（考核时间：全过程）。

3. 操作要求

（1）女式（真人）短发中分发型修剪

1）整体剪去头发2 cm以上（此项为否决项，如整体剪去头发少于2 cm，则修剪细项均评D分）。

2）头发层次符合中分要求。

3）外轮廓线衔接自然。

4）层次衔接自然无脱节。

5）轮廓自然圆润。

6）两侧相称。

7）发量匀称。

（2）女式（真人）短发中分发型吹风

1）发式中分线准确自然（此项为否决项，如吹风后的发式与考题要求不符，则吹风细项均评D分）。

2）轮廓饱满自然。

3）纹理流向清晰。

4）两边对称。

5）造型美观，配合脸型。

（3）操作方法安全、卫生

1）考核全过程中的操作方法不伤害顾客和自己。

2）考核全过程中的操作方法符合行业卫生规范要求。

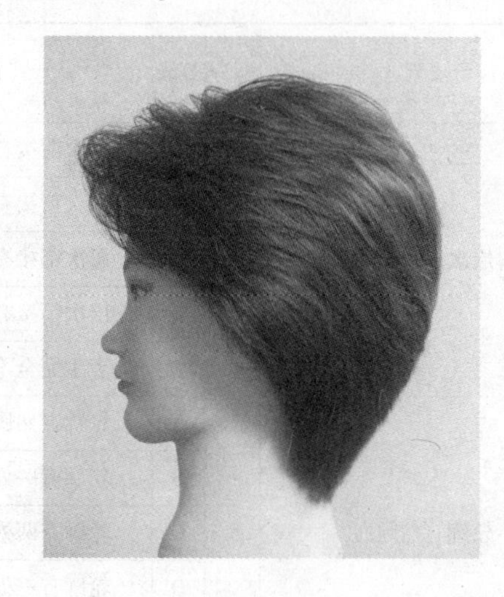

4. 评分项目及标准

试题代码及名称		1.1.7 女式（真人）—— 短发中分发型剪吹			考核时间 （min）		35 min：其中 修剪 20 min、 吹风 15 min			
评价要素		配分	等级	评分细则	评定等级					得分
					A	B	C	D	E	
1	修剪 （1）整体剪去头发 2 cm 以上（此项为否决项，如整体剪去头发少于 2 cm，则修剪细项均评 D 分）	5	A	整体剪去头发 2 cm 以上						
			D	整体剪去头发 2 cm 以下						
			E	考生完全不会操作或未答题						
2	（2）头发层次符合中分要求	5	A	头发层次符合中分要求						
			D	头发层次不符合中分要求						
			E	考生完全不会操作或未答题						
3	（3）外轮廓线衔接自然	5	A	外轮廓线衔接自然						
			B	外轮廓线有一处衔接不自然						
			C	外轮廓线有两处衔接不自然						
			D	外轮廓线有三处以上衔接不自然						
			E	考生完全不会操作或未答题						

续表

	评价要素	配分	等级	评分细则	评定等级					得分
					A	B	C	D	E	
4	（4）层次衔接自然无脱节	5	A	层次衔接自然无脱节						
			B	层次衔接有一处脱节						
			C	层次衔接有两处脱节						
			D	层次衔接有三处以上脱节						
			E	考生完全不会操作或未答题						
5	（5）轮廓自然圆润	5	A	轮廓自然圆润						
			B	轮廓有一处不够圆润						
			C	轮廓有两处不够圆润						
			D	轮廓有三处以上不够圆润						
			E	考生完全不会操作或未答题						
6	（6）两侧相称	5	A	两侧相称						
			B	两侧有一处不相称						
			C	两侧有两处不相称						
			D	两侧有三处以上不相称						
			E	考生完全不会操作或未答题						
7	（7）发量匀称	5	A	发量匀称						
			B	发量有一处不匀称						
			C	发量有两处不匀称						
			D	发量有三处以上不匀称						
			E	考生完全不会操作或未答题						
8	吹风 （1）发式中分线准确自然（此项为否决项，如吹风后的发式与考题要求不符，则吹风细项均评D分）	5	A	中分线准确自然						
			D	中分线不准确自然						
			E	考生完全不会操作或未答题						
9	（2）轮廓饱满自然	4	A	轮廓饱满自然						
			B	轮廓有一处不够饱满自然						
			C	轮廓有两处不够饱满自然						
			D	轮廓有三处以上不够饱满自然						
			E	考生完全不会操作或未答题						

续表

	评价要素	配分	等级	评分细则	评定等级 A	B	C	D	E	得分
10	（3）纹理流向清晰	5	A	纹理流向清晰						
			B	纹理流向有一处含糊						
			C	纹理流向有两处含糊						
			D	纹理流向有三处以上含糊						
			E	考生完全不会操作或未答题						
11	（4）两边对称	4	A	两边对称						
			B	两边有一处不对称						
			C	两边有两处不对称						
			D	两边有三处以上不对称						
			E	考生完全不会操作或未答题						
12	（5）造型美观，配合脸型	5	A	造型美观，配合脸型						
			D	造型呆板，不配合脸型						
			E	考生完全不会操作或未答题						
13	安全、卫生 （1）考核全过程不伤害顾客和自己	1	A	不伤害顾客和自己						
			B							
			C							
			D	伤害到顾客和自己						
			E	考生完全不会操作或未答题						
14	（2）考核全过程符合行业卫生规范要求	1	A	符合行业卫生规范						
			B	较符合行业卫生规范，有一处不够规范						
			C	基木符合行业卫生规范，有两处不够规范						
			D	不符合行业卫生规范，有三处以上不够规范						
			E	考生完全不会操作或未答题						
合计配分		60		合计得分						

考评员（签名）：

【题目 8】

试题代码：1. 1. 8

试题名称：女式（真人）——短发翻翘发型剪吹

考生姓名：　　　　　　准考证号：　　　　　　考核时间：35 min

1. 操作条件

（1）女性（真人）模特一名，头发条件须符合美发师（中级）操作技能鉴定中女式（真人）短发翻翘发型修剪、吹风条件的要求。

（2）大围布、干毛巾及全套美发工具用品。

2. 操作内容

（1）女式（真人）短发翻翘发型修剪（考核时间 20 min）。

（2）女式（真人）短发翻翘发型吹风（考核时间 15 min）。

（3）操作方法安全、卫生（考核时间：全过程）。

3. 操作要求

（1）女式（真人）短发翻翘发型修剪

1）整体剪去头发 2 cm 以上（此项为否决项，如整体剪去头发少于 2 cm，则修剪细项均评 D 分）。

2）头发层次符合翻翘要求。

3）外轮廓线衔接自然。

4）层次衔接自然无脱节。

5）轮廓自然圆润。

6）两侧相称。

7）发量均匀。

（2）女式（真人）短发翻翘发型吹风

1）发式定型准确（此项为否决项，如吹风后的发式与考题要求不符，则吹风细项均评 D 分）。

2）翻翘幅度不低于 6 cm。

3）轮廓饱满自然。

4）纹理清晰。

5）造型美观，配合脸型。

（3）操作方法安全、卫生

1）考核全过程中的操作方法不伤害顾客和自己。

2）考核全过程中的操作方法符合行业卫生规范要求。

4. 评分项目及标准

<table>
<tr><td colspan="2">试题代码及名称</td><td colspan="3">1.1.8 女式（真人）——短发翻翘发型剪吹</td><td colspan="3">考核时间（min）</td><td colspan="4">35 min：其中修剪 20 min、吹风 15 min</td></tr>
<tr><td colspan="2" rowspan="2">评价要素</td><td rowspan="2">配分</td><td rowspan="2">等级</td><td rowspan="2">评分细则</td><td colspan="5">评定等级</td><td rowspan="2">得分</td></tr>
<tr><td>A</td><td>B</td><td>C</td><td>D</td><td>E</td></tr>
<tr><td rowspan="5">1</td><td rowspan="5">修剪
（1）整体剪去头发 2 cm 以上（此项为否决项，如整体剪去头发少于 2 cm，则修剪细项均评 D 分）</td><td rowspan="5">5</td><td>A</td><td>整体剪去头发 2 cm 以上</td><td rowspan="5"></td><td rowspan="5"></td><td rowspan="5"></td><td rowspan="5"></td><td rowspan="5"></td><td rowspan="5"></td></tr>
<tr><td></td><td></td></tr>
<tr><td></td><td></td></tr>
<tr><td>D</td><td>整体剪去头发 2 cm 以下</td></tr>
<tr><td>E</td><td>考生完全不会操作或未答题</td></tr>
<tr><td rowspan="5">2</td><td rowspan="5">（2）头发层次符合翻翘要求</td><td rowspan="5">5</td><td>A</td><td>头发层次符合翻翘要求</td><td rowspan="5"></td><td rowspan="5"></td><td rowspan="5"></td><td rowspan="5"></td><td rowspan="5"></td><td rowspan="5"></td></tr>
<tr><td></td><td></td></tr>
<tr><td></td><td></td></tr>
<tr><td>D</td><td>头发层次不符合翻翘要求</td></tr>
<tr><td>E</td><td>考生完全不会操作或未答题</td></tr>
<tr><td rowspan="5">3</td><td rowspan="5">（3）外轮廓线衔接自然</td><td rowspan="5">5</td><td>A</td><td>外轮廓线衔接自然</td><td rowspan="5"></td><td rowspan="5"></td><td rowspan="5"></td><td rowspan="5"></td><td rowspan="5"></td><td rowspan="5"></td></tr>
<tr><td>B</td><td>外轮廓线有一处衔接不自然</td></tr>
<tr><td>C</td><td>外轮廓线有两处衔接不自然</td></tr>
<tr><td>D</td><td>外轮廓线有三处以上衔接不自然</td></tr>
<tr><td>E</td><td>考生完全不会操作或未答题</td></tr>
</table>

续表

评价要素		配分	等级	评分细则	评定等级					得分
					A	B	C	D	E	
4	（4）层次衔接自然无脱节	5	A	层次衔接自然无脱节						
			B	层次衔接有一处脱节						
			C	层次衔接有两处脱节						
			D	层次衔接有三处以上脱节						
			E	考生完全不会操作或未答题						
5	（5）轮廓自然圆润	5	A	轮廓自然圆润						
			B	轮廓有一处不够圆润						
			C	轮廓有两处不够圆润						
			D	轮廓有三处以上不够圆润						
			E	考生完全不会操作或未答题						
6	（6）两侧相称	5	A	两侧相称						
			B	两侧有一处不相称						
			C	两侧有两处不相称						
			D	两侧有三处以上不相称						
			E	考生完全不会操作或未答题						
7	（7）发量均匀	5	A	发量均匀						
			B	发量有一处不均匀						
			C	发量有两处不均匀						
			D	发量有三处以上不均匀						
			E	考生完全不会操作或未答题						
8	吹风 （1）发式定型准确 （此项为否决项，吹风后的发式与考题要求不符，则吹风细项均评D分）	5	A	发式定型准确						
			D	发式定型不准确						
			E	考生完全不会操作或未答题						
9	（2）翻翘幅度不低于6 cm	5	A	翻翘幅度在6 cm以上						
			D	翻翘幅度在6 cm以下						
			E	考生完全不会操作或未答题						

续表

	评价要素	配分	等级	评分细则	评定等级					得分
					A	B	C	D	E	
10	（3）轮廓饱满自然	4	A	轮廓饱满自然						
			B	轮廓有一处不够饱满自然						
			C	轮廓有两处不够饱满自然						
			D	轮廓有三处以上不够饱满自然						
			E	考生完全不会操作或未答题						
11	（4）纹理清晰	4	A	纹理清晰						
			B	纹理有一处含糊						
			C	纹理有两处含糊						
			D	纹理有三处以上含糊						
			E	考生完全不会操作或未答题						
12	（5）造型美观，配合脸型	5	A	造型美观，配合脸型						
			D	造型呆板，不配合脸型						
			E	考生完全不会操作或未答题						
13	安全、卫生 （1）考核全过程不伤害顾客和自己	1	A	不伤害顾客和自己						
			B							
			C							
			D	伤害到顾客和自己						
			E	考生完全不会操作或未答题						
14	（2）考核全过程符合行业卫生规范要求	1	A	符合行业卫生规范						
			B	较符合行业卫生规范，有一处不够规范						
			C	基本符合行业卫生规范，有两处不够规范						
			D	不符合行业卫生规范，有三处以上不够规范						
			E	考生完全不会操作或未答题						
	合计配分	60		合计得分						

考评员（签名）：

【题目9】

试题代码：2.1

试题名称：剃须修面（大胡子）

考生姓名：　　　　准考证号：　　　　考核时间：15 min

1. 操作条件

（1）男性大胡子（真人）模特一名，须符合美发师（中级）操作技能鉴定中剃须修面的条件要求。该项为一票否决项，如模特胡须很少或没有胡须，则该项考评分均评D分。

（2）剃刀、剃须泡（或胡刷、香皂）、热毛巾、围布、干毛巾、口罩、橡皮碗等。

2. 操作内容

（1）熟练运用各种刀法及长短刀技巧，按剃须修面的规范程序进行操作（考核时间：15 min）。

（2）操作方法安全、卫生（考核时间：全过程）。

3. 操作要求

（1）剃须修面

1）模特必须有大胡子。

2）修面泡沫涂刷方法正确。

3）毛巾捂揩方法得当。

4）刀法不少于四种，使用熟练自如。

5）长短刀法使用恰当。

6）剃须修面操作程序规范。

7）不损伤皮肤。

（2）操作方法安全、卫生

1）考核全过程中的操作方法不伤害顾客和自己。

2）考核全过程中的操作方法符合行业卫生规范要求。

4. 评分项目及标准

试题代码及名称		2.1 剃须修面（大胡子）			考核时间（min）				15 min	
评价要素		配分	等级	评分细则	评定等级					得分
					A	B	C	D	E	
1	剃须修面 （1）模特必须有大胡子 （该项为一票否决项，如模特胡须很少或没有胡须，则该项考评分均评D分）	2	A	模特有大胡子						
			D	模特胡须很少或没有胡须						
			E	考生完全不会操作或缺考						

续表

序号	评价要素	配分	等级	评分细则	评定等级 A	B	C	D	E	得分
2	（2）修面泡沫涂刷方法正确	1	A	修面泡沫涂刷方法正确，泡沫丰富、刷透（螺旋型涂刷）						
			B	修面泡沫涂刷方法正确，但泡沫沾到嘴唇上						
			C	修面泡沫涂刷方法正确，但泡沫刷进鼻腔						
			D	修面泡沫涂刷方法不正确，且在嘴唇、鼻腔处有泡沫						
			E	考生完全不会操作或缺考						
3	（3）毛巾捂揩方法得当	1	A	毛巾捂揩方法得当（湿度、温度、方法）						
			B	毛巾捂揩方法较得当，稍弄湿衣领、围布						
			C	毛巾捂揩方法不够得当，盖住鼻孔，有不舒适感						
			D	毛巾捂揩方法不得当，烫及顾客，弄湿衣领、围布						
			E	考生完全不会操作或缺考						
4	（4）刀法不少于四种，使用熟练自如	2	A	能熟练使用四种刀法，且运用自如						
			B	能熟练使用三种刀法，且运用自如						
			C	仅使用两种刀法，熟练但不自如						
			D	刀法单一，不熟练						
			E	考生完全不会操作或缺考						
5	（5）长短刀法使用恰当	2	A	能在修剃过程中正确使用长短刀法						
			B	长短刀法使用比较合理，能按体征进行修剃						
			C	长短刀法使用不够合理						
			D	长短刀法使用不恰当、不合理						
			E	考生完全不会操作或缺考						

续表

评价要素		配分	等级	评分细则	评定等级					得分
					A	B	C	D	E	
6	（6）剃须修面操作程序规范	1	A	先剃须后修面，顺序正确						
			B	先剃须后修面，修面过程有序进行						
			C	先剃须后修面，修面过程有点乱						
			D	工序颠倒，操作不规范						
			E	考生完全不会操作或缺考						
7	（7）不损伤皮肤	1	A	皮肤无损伤，毛孔不翻茬						
			B	皮肤无损伤，毛孔有些翻茬						
			C	毛孔有出血点						
			D	皮肤有损伤（开口、流血）						
			E	考生完全不会操作或缺考						
8	安全、卫生 （1）考核全过程不伤害顾客和自己	1	A	不伤害顾客和自己						
			B							
			C							
			D	伤害到顾客和自己						
			E	考生完全不会操作或缺考						
9	（2）考核全过程符合行业卫生规范要求	1	A	符合行业卫生规范						
			B	较符合行业卫生规范，有一处不够规范						
			C	基本符合行业卫生规范，有两处不够规范						
			D	不符合行业卫生规范，有三处以上不够规范						
			E	考生完全不会操作或缺考						
合计配分		12		合计得分						

考评员（签名）：

【题目10】

试题代码：2.2

试题名称：面、颈、肩部按摩

考生姓名：　　　　　　准考证号：　　　　　　考核时间：10 min

1. 操作条件

（1）男性模特（真人）一名，须符合美发师（中级）操作技能鉴定中面、颈、肩部按摩的条件要求。熟练运用多种按摩手法，在面部循经取穴并进行按摩。

2. 操作内容

（1）面、颈、肩部按摩（考核时间：10 min）。

（2）操作方法安全、卫生（考核时间：全过程）。

3. 操作要求

（1）面、颈、肩部按摩

1）熟练使用多种按摩手法。

2）按摩经络有序。

3）熟悉掌握面、颈、肩部经络穴位位置，点穴手法正确。

4）按摩手法轻重适当，有舒适感。

（2）操作方法安全、卫生

1）考核全过程中的操作方法不伤害顾客和自己。

2）考核全过程中的操作方法符合行业卫生规范要求。

4. 评分项目及标准

试题代码及名称		2.2 面、颈、肩部按摩			考核时间（min）			10（min）		
评价要素		配分	等级	评分细则	评定等级					得分
					A	B	C	D	E	
1	面、颈、肩部按摩（1）熟练使用多种按摩手法	2	A	能熟练使用5种按摩手法（按、抹、揉摩、捏、滚等）						
			B	能熟练使用4种按摩手法，手法熟练						
			C	能使用3种按摩手法但不太熟练						
			D	只使用2种按摩手法且不熟练						
			E	考生完全不会操作或缺考						
2	（2）按摩经络有序	2	A	能对面、颈、肩进行有序的操作						
			B	对面、颈、肩进行按摩时有经络的概念						
			C	按摩经络时不够清楚，有点乱						
			D	经络不清，走势混乱						
			E	考生完全不会操作或缺考						

续表

评价要素		配分	等级	评分细则	评定等级 A	B	C	D	E	得分
3	（3）熟悉掌握面、颈、肩部经络穴位位置，点穴手法正确	1	A	按摩的穴位熟悉并正确掌握						
			B	按摩的穴位比较熟悉大部分掌握（2/3熟悉掌握）						
			C	按摩的穴位部分掌握（1/3熟悉掌握）						
			D	不熟悉						
			E	考生完全不会操作或缺考						
4	（4）按摩手法轻重适当，有舒适感	1	A	刚柔相济，轻重适当，有舒适感						
			B	轻重比较得当						
			C	轻重基本得当，稍有忍让感						
			D	轻重不当，有痛苦感、不舒适感						
			E	考生完全不会操作或缺考						
5	安全、卫生 （1）考核全过程不伤害顾客和自己	1	A	不伤害顾客和自己						
			B							
			C							
			D	伤害到顾客和自己						
			E	考生完全不会操作或缺考						
6	（2）考核全过程符合行业卫生规范要求	1	A	符合行业卫生规范						
			B	较符合行业卫生规范，有一处不够规范						
			C	基本符合行业卫生规范，有两处不够规范						
			D	不符合行业卫生规范，有三处以上不够规范						
			E	考生完全不会操作或缺考						
合计配分		8		合计得分						

考评员（签名）：

【题目11】

试题代码：3.1

试题名称：女式中长发（公仔）——单色染发

考生姓名：　　　准考证号：　　　　考核时间：80 min

1. 操作条件

（1）在女式真发公仔头模上进行单色染发操作（考生按要求自己准备）。

（2）染发大围布、干毛巾、染发用品用具及全套美发工具用品。

2. 操作内容

（1）女式中长发（公仔）——单色染发（考核时间：80 min）。

（2）操作方法安全、卫生（考核时间：全过程）。

3. 操作要求

（1）女式中长发（公仔）——单色染发

1）染前准备符合标准。

2）染发分区、分片合理。

3）染膏涂放正确（二次涂放：先涂抹发中至发尾，最后涂抹发根），手法熟练。

4）染膏不染发际线以外皮肤。

5）头发冲洗干净，染膏无残留。

6）染后色彩符合标准。

7）染后效果色彩均匀统一。

（2）操作方法安全、卫生

1）考核全过程中的操作方法不伤害顾客和自己。

2）考核全过程中的操作方法符合行业卫生规范要求。

注：染发分区为十字分区法。

4. 评分项目及标准

试题代码及名称		3.1 女式中长发（公仔）——单色染发			考核时间（min）	80 min				
评价要素		配分	等级	评分细则	评定等级					得分
					A	B	C	D	E	
1	单色染发 （1）染前准备符合标准	2	A	染前准备符合标准						
			D	染前准备不符合标准						
			E	考生完全不会操作或未答题						

续表

评价要素		配分	等级	评分细则	评定等级					得分
					A	B	C	D	E	
2	（2）染发分区、分片合理	2	A	染发分区、分片合理						
			D	染发分区、分片不合理						
			E	考生完全不会操作或未答题						
3	（3）染膏涂放正确（二次涂放）、手法熟练	2	A	染膏涂放正确、手法熟练						
			B	染膏涂放正确、手法较熟练						
			C	染膏涂放正确、手法生疏						
			D	染膏涂放错误						
			E	考生完全不会操作或未答题						
4	（4）染膏不染发际线以外皮肤	2	A	染膏不染发际线以外皮肤						
			B	染膏有一处染到发际线以外皮肤						
			C	染膏有两处染到发际线以外皮肤						
			D	染膏有三处以上染到发际线以外皮肤						
			E	考生完全不会操作或未答题						
5	（5）头发冲洗干净，染膏无残留	2	A	头发冲洗干净，染膏无残留						
			D	头发未冲洗干净，有染膏残留						
			E	考生完全不会操作或未答题						
6	（6）染后色彩符合标准	4	A	染后色彩符合标准						
			B							
			C							
			D	染后色彩不符合标准						
			E	考生完全不会操作或未答题						
7	（7）染后效果色彩均匀统一	4	A	染后效果色彩均匀统一						
			B	染后效果色彩有一处不均匀						
			C	染后效果色彩有两处不均匀						
			D	染后效果色彩有三处不均匀						
			E	考生完全不会操作或未答题						

续表

评价要素		配分	等级	评分细则	评定等级					得分
					A	B	C	D	E	
8	安全、卫生 (1) 考核全过程不伤害顾客和自己	1	A	不伤害顾客和自己						
			B							
			C							
			D	伤害到顾客和自己						
			E	考生完全不会操作或未答题						
9	(2) 考核全过程符合行业卫生规范要求	1	A	符合行业卫生规范						
			B	较符合行业卫生规范，有一处不够规范						
			C	基本符合行业卫生规范，有两处不够规范						
			D	不符合行业卫生规范，有三处以上不够规范						
			E	考生完全不会操作或未答题						
合计配分		20	合计得分							

考评员（签名）：

第三部分 模拟试卷

理论知识考核模拟试卷

题型 \ 题型、题量	考试方式	鉴定题量	分值（分/题）	配分（分）
判断题	闭卷机考	40	1	40
单项选择题		60	1	60
小计	—	100	—	100

一、判断题（下列判断正确的请在括号内打“√”，错误的请在括号内打“×”，每题1分，共40分）

1. 文静型的顾客又称其为担心型。（ ）
2. “您好！请问您平时喜欢什么风格的造型？”这句属于直接询问。（ ）
3. 希望美发师能做到坚守诚信，凡事留有余地。（ ）
4. 老年人发型的设计理念主要是增加发量。（ ）
5. 油性发质最适合蓬松的发型。（ ）
6. 毛发常见的生理问题一般有头屑、脱发及早白。（ ）
7. 圆形脸又称为娃娃脸，是女性的标准脸型。（ ）
8. 发型的建立许多时候都是为头型考虑的。（ ）
9. 长发削发削刀应在头发的2/3处。（ ）
10. 运用断切刀法的发尾切口凌乱，能保持头发的质量。（ ）
11. 每天下班前将设备恢复到原位，拔掉电源开关。（ ）
12. 修剪刘海层次时，要注意分缝的位置和刘海的长度。（ ）
13. 提拉角度与头型成91°～180°，渐增层次结构。（ ）
14. 砌砖模式的效果是错落有致，烫发之间紧密相连不留间隙，造型饱满。（ ）
15. 烫好后有明显的三角形纹路，头发蓬松，有个性是三角杠烫法。（ ）
16. 卷曲度与烫发直径和形状相符，说明已经达到预期效果。（ ）

17. 髓质层是头发的中心层，与烫发有关。（　）
18. 发胶在传统发型上广泛使用，喷洒完成后需要烘干才能定型。（　）
19. 不需要定时清理吹风机入风口的网罩。（　）
20. 男式有色调毛寸发型吹风要吹出头缝。（　）
21. 女式中长发吹风造型整体轮廓要饱满，线条流畅，纹理清晰。（　）
22. 换刃式剃刀是一种新发明的装有可取出刀片的美发店用剃刀。（　）
23. 比利时磨刀石是从比利时发现的岩层中分割出来的一种天然磨刀石。（　）
24. 马皮革砥可分两大类：普通的马皮革砥和马臀革砥。（　）
25. 油磨石俗称油石。（　）
26. 收法由向前推与向后拉的动作组成。剃刀呈直线运动。（　）
27. 涂上剃须膏或皂液，以利于刀锋对胡须的切割和减轻对皮肤的刺激。（　）
28. “绷紧”应配合其他刀法操作。（　）
29. 颈部以削刀为主，用拉、捏的方法来修剃。（　）
30. 黄褐色胡须的特点：胡须质地特别柔软。（　）
31. 鸡皮肤型胡须的特点是在皮肤上有密密的小疙瘩。（　）
32. 上关穴位于耳前，下关穴直上，当颧弓的上缘凹陷处。（　）
33. 氧化染发剂是不含有氧化剂（显色剂）的染发产品。（　）
34. 在染发的渗透阶段，其实就是人工色素分子和氧分子的渗透过程。（　）
35. 染发中，漂浅的度数要与所用双氧乳的浓度一致。（　）
36. 在操作染发的过程中，观察顾客的发色是不重要的步骤。（　）
37. 工具色用来增加或减少色调中颜色的深浅度。（　）
38. 显色剂配合染膏带出天然色素。（　）
39. 染发操作前为顾客围好围布及披肩，戴好护耳套。（　）
40. 发片接发失误的补救措施是取下卡子重新接发。（　）

二、单项选择题（下列每题有4个选项，其中只有1项是正确的，请将其代号填写在横线空白处，每题1分，共60分）

1. 不要让冰冷的肢体语言________你的微笑。

A. 遮盖　　B. 遮住　　C. 埋没　　D. 超越

2. 美发应该让顾客________到消费的乐趣和满足。

A. 感受　　B. 感觉　　C. 体会　　D. 享受

3. 给顾客一点真诚，也给自己留有一点________。

A. 余地　　B. 空间　　C. 好处　　D. 回报

4. 适合大力推荐烫发和护发项目的是________。

A. 年轻人　B. 中年人　C. 青少年　D. 老年人

5. 为加深顾客印象，优点要逐一介绍，而不要将几条几点________在一起介绍。

A. 综合　B. 组合　C. 概括　D. 捆绑

6. 推销时要言简意赅，________。

A. 一步到位　B. 一锤定音　C. 一针见血　D. 一目了然

7. 生长速度缓慢及停止生长是________头发。

A. 生长期　B. 静止期　C. 退行期　D. 脱落期

8. 头发的种类有________种。

A. 3　B. 5　C. 7　D. 8

9. 粗硬的头发较难打理造型，所以在设计发型时应侧重于________技巧。

A. 吹风　B. 烫发　C. 修剪　D. 染发

10. 检查包装应该是检查观看外包装的________。

A. 品质　B. 质量　C. 标识　D. 色彩

11. 如果是________美发化妆用品，还应该有中国检疫标志。

A. 高档　B. 合资生产　C. 高端　D. 进口

12. 细而柔软的头发尤其适合________。

A. 短发　B. 中长发　C. 长发　D. 超长发

13. 受损发质应该选择有层次的________比较理想。

A. 短发　B. 中短发　C. 中长发　D. 长发

14. 发丝纤细且稀少的应让发根微微直立，这样才能产生头发________的视觉效果。

A. 立体　B. 浓密　C. 蓬松　D. 动感

15. 修剪男式有色调时尚发型时，要先________周边色调再修剪上面层次。

A. 挑剪　B. 滑剪　C. 点剪　D. 推剪

16. ________布电，对于负荷功率大的设备应单独使用电源插座。

A. 精确　B. 合理　C. 随意　D. 任意

17. 女式短发翻翘发型的修剪，要分好区后从后________开始有层次地修剪。

A. 侧边　B. 后边　C. 头顶　D. 颈部

18. ________卷杠两侧区卷法要保持相同。

A. 椭圆模式　B. 砌砖模式

C. 交叉模式　D. 叠加模式

19. 常用的烫发纸是透水性好的绵纸，它有一定的________。

A. 厚度　　B. 长度　　C. 韧性　　D. 弹性

20. 三硫化物的________，把多肽连锁结合在一起，使头发具有弹性和伸缩性。

A. 毛鳞片　　B. 化学键　　C. 氨基酸　　D. 蛋白质

21. 头发上附着会妨害到________作用的东西，会影响烫发。

A. 烫发液　　B. 染发液　　C. 护理剂　　D. 精油

22. 使用梳子时，要注意梳子拉头发的________，还有梳子和头发之间的角度。

A. 长度　　B. 力度　　C. 宽度　　D. 高度

23. ________造型后具有丝纹粗犷、动感强的特点。

A. 排骨梳　　B. 滚梳　　C. 剪发梳　　D. 包发梳

24. ________：梳齿面向头发，运用手指转动将头发做180°翻转，使头发产生弧度。

A. 别法　　B. 拉法　　C. 翻法　　D. 转法

25. 男式有色调奔式发型吹风时，注意________的用法。

A. 排骨梳　　B. 滚梳　　C. 剪发梳　　D. 包发梳

26. 女式短发翻翘发型吹风造型翻翘幅度一般以8～10 cm为宜，整体造型的流向以________向后为准。

A. 向后　　B. 向前　　C. 向上　　D. 向左

27. 女式中分刘海要吹出自然流畅的________型线条。

A. M　　B. N　　C. S　　D. H

28. ________是经由杀灭各种细菌而使物体上不染有病菌的一项进程。

A. 剃须　　B. 烫发　　C. 染发　　D. 消毒

29. ________剃刀是一种新发明的装有可取出刀片的美发店用剃刀。

A. 固定式　　B. 换刃式　　C. 削刀　　D. 剪刀

30. 红外线消毒箱：温度高于120℃，作用________ min，主要用于剃刀、推剪等金属制品的消毒。

A. 10　　B. 20　　C. 30　　D. 40

31. ________磨刀石基本上是一种缓慢磨砺型的石头。

A. 天然　　B. 人工　　C. 合成　　D. 水

32. 综合磨刀石是由一块水磨刀石和一块合成磨刀石________而成。

A. 天然　　B. 人工　　C. 合成　　D. 结合

33. 刀刃有________，说明不锋利。

A. 卷口　　B. 圆口　　C. 方口　　D. 长口

34. ________或俄罗斯革砥是今日所用的最佳革砥之一。

A．帆布革砥　B．牛皮革砥　C．羊皮革砥　D．马皮革砥

35．________俗称羊干石。

A．水磨石　B．合成石　C．天然石　D．砂轮

36．________时上身保持直立并略向前倾斜，两肘成一定的角度，手腕自然地摆动。

A．台磨　B．研磨　C．细磨　D．精磨

37．________由向前推与向后拉的动作组成。剃刀呈直线运动。

A．收刀法　B．开刀　C．滚刀　D．削刀

38．刀刃有卷口说明________。

A．不锋利　B．锋利　C．质量好　D．好用

39．正手刀与推刀，基本上用“________”的方法配合。

A．张　B．拉　C．捏　D．拿

40．修面的操作程序在整个运刀过程中，最少不得少于________。

A．七十二刀半　B．七十二刀　C．七十三刀　D．七十四刀

41．胡须稀少细软时，多用________。

A．短刀法　B．长刀法　C．削刀法　D．拉刀法

42．________是倾斜着从毛发侧面近于横着切进去的，切断力强，且不易刮破皮肤。

A．刀身　B．刀背　C．刀柄　D．刀锋

43．________喷雾器喷出的雾状水蒸气对准顾客的胡须部位及面颊部位。

A．离子　B．蒸汽　C．冷光　D．电子

44．皮肤处在一定的________环境下，不会干燥。在修剃时，它不会使皮肤受损。

A．凡士林　B．油脂　C．肥皂　D．护肤膏

45．________胡须的特点是在皮肤上有密密的小疙瘩。

A．浓密粗硬型　B．螺旋型

C．鸡皮肤型　D．黄褐色

46．在剃人中部位时，因特殊型胡须比较浓密，故只宜顺剃和________，不宜逆剃。

A．竖剃　B．流剃　C．横剃　D．逆剃

47．擦矾石，喷薄荷水，是进行面部按摩前的________。

A．准备　B．开始　C．过程　D．方法

48．攒竹穴在眉________的凹陷中。

A．内侧　B．外侧　C．上面　D．下面

49．染发剂可分为________非氧化染发剂和非永久性非氧化染发剂。

A．临时性　B．永久性　C．油漆型　D．喷雾型

50. 持久性半永久染发剂的主要成分：含有大小两种________分子。

A. 染发　　B. 氧化　　C. 颜色　　D. 显色

51. 色调的表达方式不同是不同品牌染发剂的区别________。

A. 之一　　B. 主要特点　　C. 重点　　D. 重要因素

52. 亚洲人的天然发一般从________，呈不同程度的黑棕色。

A. 1到3　　B. 3到4　　C. 2到4　　D. 4到5

53. 直接在________上选择颜色，通常情况下，在天然发染色的时候会比较多地采用。

A. 染膏　　B. 色板　　C. 头发　　D. 目标

54. 色是一种物理刺激作用于人眼的________特性。

A. 视觉　　B. 痛苦　　C. 可怕　　D. 感觉

55. 根据所选颜色的不同选择相应的________及染发方法。

A. 染发剂　　B. 头发　　C. 品牌　　D. 工具

56. 双氧乳中的________可以氧化头发的表皮层，使其渗透到皮质层中。

A. 氯　　B. 氨　　C. 氧　　D. 钛

57. 3%的双氧乳________染浅头发；6%的双氧乳可以染浅1度颜色。

A. 能　　B. 是　　C. 不能　　D. 氧化

58. 染深是指________顾客的原发色。

A. 加深　　B. 染浅　　C. 漂浅　　D. 漂色

59. 工具色用来增加或减少________中颜色的深浅度。

A. 深度　　B. 色彩　　C. 色度　　D. 色调

60. 染发完成后，要用________洗发水进行清洗。

A. 酸性　　B. 碱　　C. 中性　　D. 强碱性

理论知识考核模拟试卷参考答案

一、判断题

1. ×　2. √　3. √　4. √　5. √　6. ×　7. ×　8. ×　9. √
10. ×　11. √　12. √　13. √　14. √　15. √　16. √　17. ×　18. √
19. ×　20. ×　21. √　22. √　23. √　24. √　25. √　26. √　27. √
28. √　29. √　30. ×　31. √　32. √　33. ×　34. √　35. √　36. ×
37. √　38. √　39. √　40. √

二、单项选择题

1. B　2. B　3. A　4. B　5. C　6. C　7. B　8. D　9. C
10. B　11. D　12. A　13. A　14. B　15. D　16. B　17. D　18. A
19. C　20. B　21. A　22. B　23. A　24. C　25. A　26. C　27. C
28. D　29. B　30. C　31. D　32. D　33. A　34. B　35. A　36. A
37. A　38. A　39. A　40. A　41. B　42. D　43. A　44. B　45. C
46. C　47. A　48. A　49. A　50. C　51. A　52. C　53. B　54. A
55. A　56. C　57. C　58. A　59. D　60. A

操作技能考核模拟试卷

序号	项 目	得 分
1	2.1 剃须修面	12
2	2.2 面、颈、肩部按摩	8
3	1.1.4 男式（真人）有色调三七分发型剪吹	60
4	3.1 女式中长发（公仔）——单色染发	20
5	合计得分	100

【试题1】剃须修面（本题12分）

试题代码：2.1

考核时间：15 min

1. 操作条件

（1）男性大胡子模特（真人）一名，须符合美发师（中级）操作技能鉴定中剃须修面的条件要求，该项为一票否决项，如模特胡须很少或没有胡须，则该项考评分均评D分。

（2）剃刀、剃须泡（或胡刷、香皂）、热毛巾、围布、干毛巾、口罩、橡皮碗等。

2. 操作内容

（1）熟练运用各种的刀法及长短刀技巧，按剃须修面的规范程序进行操作（考核时间：15 min）。

（2）操作方法安全、卫生（考核时间：全过程）。

3. 操作要求

（1）剃须修面

1）模特必须有大胡子。

2）修面泡沫涂刷方法正确。

3）毛巾捂揩方法得当。

4）刀法不少于四种，使用熟练自如。

5）长短刀法使用恰当。

6）剃须修面操作程序规范。

7）不损伤皮肤。

（2）操作方法安全、卫生

1）考核全过程中的操作方法不伤害顾客和自己。

2）考核全过程中的操作方法符合行业卫生规范要求。

4．评分项目及标准

试题代码及名称		2.1 剃须修面			考核时间（min）					15 min
评价要素		配分	等级	评分细则	评定等级					得分
					A	B	C	D	E	
1	剃须修面 （1）模特必须有大胡子（该项为一票否决项，如模特胡须很少或没有胡须，则该项考评分均评D分）	2	A	模特有大胡子						
			D	模特胡须很少或没有胡须						
			E	考生完全不会操作或缺考						
2	（2）修面泡沫涂刷方法正确	1	A	修面泡沫涂刷方法正确，泡沫丰富、刷透（螺旋型涂刷）						
			B	修面泡沫涂刷方法正确，但泡沫沾到嘴唇上						
			C	修面泡沫涂刷方法正确，但泡沫刷进鼻腔						
			D	修面泡沫涂刷方法不正确，且在嘴唇、鼻腔处有泡沫						
			E	考生完全不会操作或缺考						
3	（3）毛巾捂揩方法得当	1	A	毛巾捂揩方法得当（湿度、温度、方法）						
			B	毛巾捂揩方法较得当，稍弄湿衣领、围布						
			C	毛巾捂揩方法不够得当，盖住鼻孔，有不舒适感						
			D	毛巾捂揩方法不得当，烫及顾客，弄湿衣领、围布						
			E	考生完全不会操作或缺考						

续表

	评价要素	配分	等级	评分细则	评定等级					得分
					A	B	C	D	E	
4	（4）刀法多种，使用熟练自如	2	A	能熟练使用四种刀法，且运用自如						
			B	能熟练使用三种刀法，且运用自如						
			C	仅使用两种刀法，熟练但不自如						
			D	刀法单一，不熟练						
			E	考生完全不会操作或缺考						
5	（5）长短刀法使用恰当	2	A	能在修剃过程中正确使用长短刀法						
			B	长短刀法运用比较合理，能按体征进行修剃						
			C	长短刀法运用不够合理						
			D	长短刀法不恰当、不合理						
			E	考生完全不会操作或缺考						
6	（6）剃须修面操作程序规范	1	A	先剃须后修面，顺序正确						
			B	先剃须后修面，修面过程有序进行						
			C	先剃须后修面，修面过程有点乱						
			D	工序颠倒，操作不规范						
			E	考生完全不会操作或缺考						
7	（7）不损伤皮肤	1	A	皮肤无损伤，毛孔不翻茬						
			B	皮肤无损伤，毛孔有些翻茬						
			C	毛孔有出血点						
			D	皮肤有损伤（开口、流血）						
			E	考生完全不会操作或缺考						

续表

	评价要素	配分	等级	评分细则	评定等级					得分
					A	B	C	D	E	
8	安全、卫生 （1）考核全过程不伤害顾客和自己	1	A	不伤害顾客和自己						
			B							
			C							
			D	伤害到顾客和自己						
			E	考生完全不会操作或缺考						
9	（2）考核全过程符合行业卫生规范要求	1	A	符合行业卫生规范						
			B	较符合行业卫生规范，有一处不够规范						
			C	基本符合行业卫生规范，有两处不够规范						
			D	不符合行业卫生规范，有三处以上不够规范						
			E	考生完全不会操作或缺考						
合计配分		12	合计得分							

考评员（签名）：________

美发师（中级）技能操作考核试题模拟评分换算表

等级	A（优）	B（良）	C（及格）	D（较差）	E（差或未答题）
比值	1.0	0.8	0.6	0.2	0

“评价要素”得分＝配分×等级比值

【试题2】面、颈、肩部按摩（本题8分）

试题代码：2.2

考核时间：10 min

1. 操作条件

（1）男性模特（真人）一名，须符合美发师（中级）操作技能鉴定中面、颈、肩部按摩的条件要求。熟练运用多种按摩手法，在面部循经取穴并进行按摩。

2. 操作内容

（1）面、颈、肩部按摩（考核时间：10 min）。

（2）操作方法安全、卫生（考核时间：全过程）。

3. 操作要求

（1）面、颈、肩部按摩

1）熟练使用多种按摩手法。

2）按摩经络有序。

3）熟悉掌握面、颈、肩部经络穴位位置，点穴手法正确。

4）按摩手法轻重适当，有舒适感。

（2）操作方法安全、卫生

1）考核全过程中的操作方法不伤害顾客和自己。

2）考核全过程中的操作方法符合行业卫生规范要求。

4. 评分项目及标准

试题代码及名称		2.2 面、颈、肩部按摩			考核时间（min）				10（min）	
评价要素		配分	等级	评分细则	评定等级					得分
					A	B	C	D	E	
1	面、颈、肩部按摩 （1）熟练使用多种按摩手法	2	A	能熟练使用5种按摩手法（按、抹、揉摩、捏、滚）						
			B	能熟练使用4种按摩手法，手法熟练						
			C	能使用3种按摩手法但不太熟练						
			D	只使用2种按摩手法且不熟练						
			E	考生完全不会操作或缺考						
2	（2）按摩经络有序	2	A	能对面、颈、肩进行有序的操作						
			B	对面、颈、肩进行按摩时有经络的概念						
			C	按摩经络不够清楚，有点乱						
			D	经络不清，走势混乱						
			E	考生完全不会操作或缺考						

续表

评价要素		配分	等级	评分细则	评定等级					得分
					A	B	C	D	E	
3	（3）熟悉掌握面、颈、肩部经络穴位位置，点穴手法正确	1	A	按摩的穴位熟悉并正确掌握						
			B	按摩的穴位比较熟悉大部分掌握（2/3熟悉掌握）						
			C	按摩的穴位部分掌握（1/3熟悉掌握）						
			D	不熟悉						
			E	考生完全不会操作或缺考						
4	（4）按摩手法轻重适当，有舒适感	1	A	刚柔相济，轻重适当，有舒适感						
			B	轻重比较得当						
			C	轻重基本得当，稍有忍让感						
			D	轻重不当，有痛苦感、不舒适感						
			E	考生完全不会操作或缺考						
5	安全、卫生 （1）考核全过程不伤害顾客和自己	1	A	不伤害顾客和自己						
			B							
			C							
			D	伤害到顾客和自己						
			E	考生完全不会操作或缺考						
6	（2）考核全过程符合行业卫生规范要求	1	A	符合行业卫生规范要求						
			B	较符合行业卫生规范，有一处不够规范						
			C	基本符合行业卫生规范，有两处不够规范						
			D	不符合行业卫生规范，有三处以上不够规范						
			E	考生完全不会操作或缺考						
合计配分		8	合计得分							

考评员（签名）：__________

美发师（中级）技能操作考核试题模拟评分换算表

等级	A（优）	B（良）	C（及格）	D（较差）	E（差或未答题）
比值	1.0	0.8	0.6	0.2	0

“评价要素”得分＝配分×等级比值

【试题3】男式（真人）有色调三七分发型剪吹（本题60分）

试题代码：1.1.4

考核时间：35 min

1. 操作条件

（1）男性（真人）模特一名，头发条件须符合美发师（中级）操作技能鉴定中男式（真人）有色调三七分发型推剪、吹风条件的要求。

（2）大围布、干毛巾及全套美发工具用品。

2. 操作内容

（1）男式（真人）有色调三七分发型推剪（考核时间20 min）。

（2）男式（真人）有色调三七分发型吹风（考核时间15 min）。

（3）操作方法安全、卫生（考核时间：全过程）。

3. 操作要求

（1）男式（真人）有色调三七分发型推剪

1）整体剪去头发至少2 cm以上（此项为否决项，如整体剪去头发少于2 cm，则推剪细项均评D分）。

2）后颈部色调幅度4 cm以上（含4 cm）。

3）后颈部接头精细。

4）两鬓、两侧、后颈部色调均匀。

5）轮廓齐圆。

6）层次衔接无脱节。

7）两鬓、两侧相称。

（2）男式（真人）有色调三七分发型吹风

1）发式定型准确，分缝比例与发型设计吻合（此项为否决项，如吹风后的发式与考题要求不符，则吹风细项均评D分）。

2）大小边弧度饱满与脸型相称。

3）轮廓饱满。

4）纹理清晰，流向正确。

5）四周衔接自然。

6）造型美观，配合脸型。

附：男式（真人）有色调三七分发型效果图（供参考）。

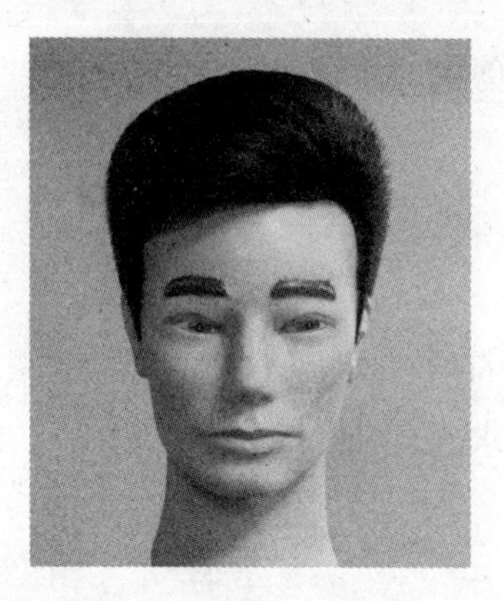
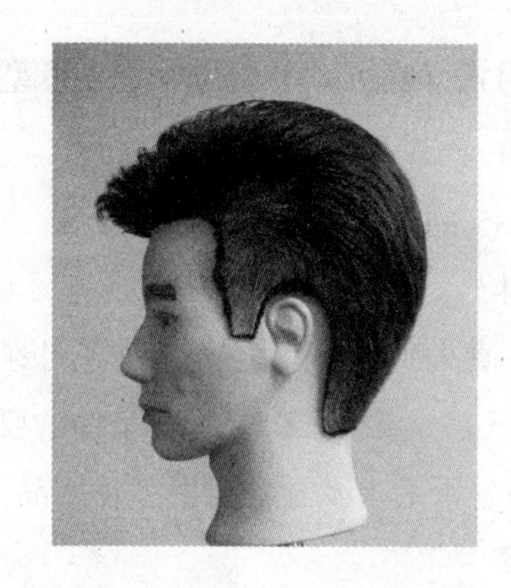

（3）操作方法安全、卫生

1）考核全过程中的操作方法不伤害顾客和自己。

2）考核全过程中的操作方法符合行业卫生规范要求。

4. 评分项目及标准

试题代码及名称	1.1.4 男式（真人）有色调三七分发型剪吹	考核时间（min）	35 min：其中推剪 20 min、吹风 15 min

	评价要素	配分	等级	评分细则	评定等级					得分
					A	B	C	D	E	
1	推剪 （1）整体剪去头发至少2 cm以上 此项为否决项，如整体剪去头发少于2 cm，则推剪细项均评D分	5	A	整体剪去头发2 cm以上						
			D	整体剪去头发2 cm以下						
			E	考生完全不会操作或未答题						
2	（2）后颈部色调幅度4 cm以上（含4 cm）	5	A	色调幅度4 cm以上						
			B	色调幅度3 cm以上、4 cm以下						
			D	色调幅度3 cm以下						
			E	考生完全不会操作或未答题						
3	（3）后颈部接头精细	5	A	后颈部接头精细						
			B	后颈部接头有一处断痕						
			C	后颈部接头有两处断痕						
			D	后颈部接头有三处以上断痕或明显切线						
			E	考生完全不会操作或未答题						

续表

评价要素		配分	等级	评分细则	评定等级					得分
					A	B	C	D	E	
4	（4）两鬓、两侧、后颈部色调均匀	5	A	色调均匀						
			B	色调有一处不均匀						
			C	色调有两处不均匀						
			D	色调有三处以上不均匀						
			E	考生完全不会操作或未答题						
5	（5）轮廓齐圆	5	A	轮廓齐圆						
			B	轮廓有一处不齐圆						
			C	轮廓有两处不齐圆						
			D	轮廓有三处以上不齐圆						
			E	考生完全不会操作或未答题						
6	（6）层次衔接无脱节	5	A	层次衔接无脱节						
			B	层次衔接有一处脱节						
			C	层次衔接有两处脱节						
			D	层次衔接有三处以上脱节						
			E	考生完全不会操作或未答题						
7	（7）两鬓、两侧相等	5	A	两鬓、两侧相等						
			B	两鬓、两侧有一处不相等						
			C	两鬓、两侧有两处不相等						
			D	两鬓、两侧有三处以上不相等						
			E	考生完全不会操作或未答题						
8	吹风 （1）发式定型准确，分缝比例与发型设计吻合 （此项为否决项，如吹风后的发式与考题要求不符，则吹风细项均评 D 分）	5	A	发式定型准确，分缝比例与发型设计吻合						
			D	分缝比例与发型设计不吻合						
			E	考生完全不会操作或未答题						

续表

	评价要素	配分	等级	评分细则	评定等级 A	B	C	D	E	得分
9	（2）大小边弧度饱满与脸型相称	4	A	大小边弧度饱满与脸型相称						
			B	小边与脸型不相称						
			C	大边与脸型不相称						
			D	大小边弧度饱满与脸型不相称						
			E	考生完全不会操作或未答题						
10	（3）轮廓饱满	4	A	轮廓饱满						
			B	轮廓有一处不饱满						
			C	轮廓有两处不饱满						
			D	轮廓有三处以上不饱满						
			E	考生完全不会操作或未答题						
11	（4）纹理清晰	3	A	纹理清晰						
			B	纹理有一处含糊						
			C	纹理有两处含糊						
			D	纹理有三处以上含糊						
			E	考生完全不会操作或未答题						
12	（5）四周衔接自然	3	A	四周衔接自然						
			B	四周有一处不衔接						
			C	四周有两处不衔接						
			D	四周有三处以上不衔接						
			E	考生完全不会操作或未答题						
13	（6）造型美观，配合脸型	4	A	造型美观，配合脸型						
			B							
			C							
			D	造型呆板，不配合脸型						
			E	考生完全不会操作或未答题						
14	安全、卫生 （1）考核全过程不伤害顾客和自己	1	A	不伤害顾客和自己						
			B							
			C							
			D	伤害到顾客和自己						
			E	考生完全不会操作或未答题						

续表

评价要素		配分	等级	评分细则	评定等级					得分
					A	B	C	D	E	
15	(2) 考核全过程符合行业卫生规范要求	1	A	符合行业卫生规范						
			B	较符合行业卫生规范，有一处不够规范						
			C	基本符合行业卫生规范，有两处不够规范						
			D	不符合行业卫生规范，有三处以上不够规范						
			E	考生完全不会操作或未答题						
合计配分		60	合计得分							

考评员（签名）：________

美发师（中级）技能操作考核试题模拟评分换算表

等级	A（优）	B（良）	C（及格）	D（较差）	E（差或未答题）
比值	1.0	0.8	0.6	0.2	0

“评价要素”得分 = 配分 × 等级比值

【试题 4】女式中长发（公仔）——单色染发（本题 20 分）

试题代码：3.1.1

考核时间：80 min

1. 操作条件

（1）在女式真发（公仔）头模上进行单一色染发操作（统一提供公仔头）。

（2）染发大围布、干毛巾、染发用品用具及全套美发工具用品。

2. 操作内容

（1）女式中长发（公仔）——单一色彩染发。

（2）操作方法安全、卫生（考核时间：全过程）。

3. 操作要求

（1）女式中长发（公仔）——单一色彩染发

1）染前准备符合标准。

2）染发十字分区、水平分片合理。

3）染膏涂放正确（二次涂放：先涂抹发中至发尾，最后涂抹发根）、手法熟练。

4）染膏不染发际线以外皮肤。

5）头发冲洗干净，染膏无残留。

6）染后色彩符合标准。

7）染后效果色彩均匀统一。

（2）操作方法安全、卫生（考核时间：全过程）

1）考核全过程中的操作方法不伤害顾客和自己。

2）考核全过程中的操作方法符合行业卫生规范要求。

4. 评分项目及标准

试题代码及名称		3.1 女式中长发（公仔）——单色染发			考核时间（min）			80 min		
评价要素		配分	等级	评分细则	评定等级					得分
					A	B	C	D	E	
1	单色染发 （1）染前准备符合标准	2	A	染前准备符合标准						
			D	染前准备不符合标准						
			E	考生完全不会操作或未答题						
2	（2）染发分区、分片合理	2	A	染发分区、分片合理						
			D	染发分区、分片不合理						
			E	考生完全不会操作或未答题						
3	（3）染膏涂放正确（二次上色）、手法熟练	2	A	染膏涂放正确、手法熟练						
			B	染膏涂放正确、手法较熟练						
			C	染膏涂放正确、手法生疏						
			D	染膏涂放错误						
			E	考生完全不会操作或未答题						

续表

评价要素		配分	等级	评分细则	评定等级					得分
					A	B	C	D	E	
4	（4）染膏不染发际线以外皮肤	2	A	染膏不染发际线以外皮肤						
			B	染膏有一处染到发际线以外皮肤						
			C	染膏有两处染到发际线以外皮肤						
			D	染膏有三处染到发际线以外皮肤						
			E	考生完全不会操作或未答题						
5	（5）头发冲洗干净，染膏无残留	2	A	头发冲洗干净，染膏无残留						
			D	头发未冲洗干净，有染膏残留						
			E	考生完全不会操作或未答题						
6	（6）染后色彩符合标准	4	A	染后色彩符合标准						
			B							
			C							
			D	染后色彩不符合标准						
			E	考生完全不会操作或未答题						
7	（7）染后效果色彩均匀统一	4	A	染后效果色彩均匀统一						
			B	染后效果色彩有一处不均匀						
			C	染后效果色彩有两处不均匀						
			D	染后效果色彩有三处不均匀						
			E	考生完全不会操作或未答题						

续表

	评价要素	配分	等级	评分细则	评定等级 A	B	C	D	E	得分
8	安全、卫生 （1）考核全过程不伤害顾客和自己	1	A	不伤害顾客和自己						
			B							
			C							
			D	伤害到顾客和自己						
			E	考生完全不会操作或未答题						
9	（2）考核全过程符合行业卫生规范要求	1	A	符合行业卫生规范						
			B	较符合行业卫生规范，有一处不够规范						
			C	基本符合行业卫生规范，有两处不够规范						
			D	不符合行业卫生规范，有三处以上不够规范						
			E	考生完全不会操作或未答题						
	合计配分	20		合计得分						

考评员（签名）：__________

美发师（中级）技能操作考核试题模拟评分换算表

等级	A（优）	B（良）	C（及格）	D（较差）	E（差或未答题）
比值	1.0	0.8	0.6	0.2	0

“评价要素”得分＝配分×等级比值

操作技能考核模拟试卷评分表

	题目	序号	评分标准	配分	考生号						
					1	2	3	4	5	6	7
2.1	剃须修面	1	模特有大胡子	2							
		2	修面泡沫涂刷方法正确，泡沫丰富、刷透（螺旋型涂刷）	1							
		3	毛巾捂揩方法得当（湿度、温度、方法）	1							
		4	能熟练使用四种刀法，且运用自如	2							
		5	能在修剃过程中正确使用长短刀法	2							
		6	先剃须后修面，顺序正确	1							
		7	皮肤无损伤，毛孔不翻茬	1							
		8	不伤害顾客和自己	1							
		9	符合行业卫生规范	1							
2.2	面、颈、肩部按摩	10	能熟练使用5种按摩手法（按、抹、揉摩、捏、滚）	2							
		11	能对面、颈、肩进行有序的操作	2							
		12	按摩的穴位熟悉并正确掌握	1							
		13	刚柔相济，轻重适当，有舒适感	1							
		14	不伤害顾客和自己	1							
		15	符合行业卫生规范要求	1							
1.1.4	男式（真人）有色调三七分发型剪吹	16	整体剪去头发2 cm以上	5							
		17	色调幅度4 cm以上	5							
		18	后颈部接头精细	5							
		19	色调均匀	5							
		20	轮廓齐圆	5							
		21	层次衔接无脱节	5							
		22	两鬓、两侧相等	5							
		23	发式定型准确，分缝比例与发型设计吻合	5							
		24	大小边弧度饱满与脸型相称	4							

续表

	题目	序号	评分标准	配分	考生号						
					1	2	3	4	5	6	7
1.1.4	男式（真人）有色调三七分发型剪吹	25	轮廓饱满	4							
		26	纹理清晰	3							
		27	四周衔接自然	3							
		28	造型美观，配合脸型	4							
		29	不伤害顾客和自己	1							
		30	符合行业卫生规范	1							
3.1	女式中长发（公仔）——单色染发	31	染前准备符合标准	2							
		32	染发分区、分片合理	2							
		33	染膏涂放正确、手法熟练	2							
		34	染膏不染发际线以外皮肤	2							
		35	头发冲洗干净，染膏无残留	2							
		36	染后色彩符合标准	4							
		37	染后效果色彩均匀统一	4							
		38	不伤害顾客和自己	1							
		39	符合行业卫生规范	1							
			合计分	100